오늘 하루,
아이에게

내 말투는
어땠을까?

오늘 하루, 아이에게 내 말투는 어땠을까?

초판 1쇄 인쇄 2023년 10월 31일
초판 1쇄 발행 2023년 11월 5일

지은이 김현정

펴낸이 우세웅
책임편집 한홍
기획편집 김휘연
콘텐츠기획·홍보 김세경
북디자인 이유진

종이 페이퍼프라이스㈜
인쇄 동양인쇄주식회사

펴낸곳 슬로디미디어그룹
신고번호 제25100-2017-000035호
신고연월일 2017년 6월 13일
주소 서울특별시 마포구 월드컵북로 400, 상암동 서울산업진흥원(문화콘텐츠센터)5층 22호

전화 02)493-7780 | **팩스** 0303)3442-7780
전자우편 slody925@gmail.com(원고투고·사업제휴)
홈페이지 slodymedia.modoo.at | **블로그** slodymedia.xyz
페이스북·인스타그램 slodymedia

ISBN 979-11-6785-157-4 (03590)

오늘 하루, 아이에게 내 말투는 어땠을까?

김현정 지음

SEOLREM 설렘

"자식은 부모의 거울이다"라는 말이 있듯이 부모의 언행은 자라나는 아이들에게 큰 영향을 준다고 할 수 있습니다. 이 책은 저자뿐 아니라 일반적인 부모라면 실제로 자녀를 양육하면서 마주쳤을 법한 다양한 상황과 상황별 현명한 대화법을 제시해줍니다. 부모와 자식 간의 좋은 관계가 자녀를 훌륭하게 성장시킬 수 있다는 저자의 주장에 공감하며, 자식을 사랑하는 부모님에게 일독을 권합니다.

SK 넥실리스 기술위원 김영태 (前 SK 넥실리스 대표이사)

이 책은 우리 아이들이 단단한 마음을 가지고 무한한 가능성을 발현할 수 있도록 하는 부모의 대화법을 소개하고 있습니다. 아이들을 키우며 마주치는 다양한 상황에서 구체적으로 어떻게 대하는 것이 좋은지 잘 설명해주고 있습니다.
부모의 말은 아이들에게 운명을 바꿀 만큼 큰 영향을 줍니다. 무심코 했던 말과 행동이 아이에게 상처를 줄 수도 있고, 성장의 기회를 뺏을 수도 있습니다. 성장하는 아이들에게 무책임한 부모가 되지 않도록 이 책을 꼭 읽어보시길 적극 추천합니다.

SK 넥실리스 생산기술 Lab 정인수 팀장

아이가 성장하는 중요한 시기에 부모는 어떤 종자를 심고 어떤 빛을 비춰줘야 할까요? 이 책은 아이의 인생을 크게 바꿀 수 있는 부모의 지침서입니다. 저자는 20여 년간 두 아이의 엄마이자 1,000명이 넘는 제자를 가르치며 많은 경험을 하고 자료를 쌓아왔습니다. 그 결과 완성된 소중한 이 책의 일독을 추천합니다.

비엔나 피아노 대표원장 김정연

알면서도 실천하기 어렵고, 감정에 넘어져 또다시 아이들에게 후회할 만한 언행을 하는 부모들. 이 책은 어렵지만 실천할 수 있는, 제3자의 입장에서 객관적으로 돌아보고 행동할 수 있게 해주는 지침서라 생각합니다. 아이와의 감정 소비로 어려움을 겪고 있는 부모들에게 도움이 될 것입니다.

LG하우시스 이병호 (동하&윤하 아빠)

아이는 부모의 모든 것을 먹고 자랍니다. 그중에서 특히 말의 영향력이 가장 셉니다.

사람은 자신이 처한 환경에 가장 큰 영향을 받기 때문입니다.

부모가 쓰는 말은 모두 아이의 말이 됩니다.

아이의 말이 거칠다면 부모의 말을 되돌아봐야 하는 이유입니다.

아이의 공부도 마찬가지입니다. 아이를 공부시키는 것도 부모의 말에서부터 시작합니다.

아이의 마음의 근본이 부모의 말로부터 시작되기 때문입니다.

부모의 말로 아이를 기분 좋게 공부시킬 수 있습니다.

이 기분을 만들어내는 첫 번째 존재가 부모입니다.

아이가 기분 좋게 공부해야 성적이 오르고, 열심히 노력할 수 있습니다.

아이를 기분 좋게 만들어 아이의 일상도, 그 속에서의 공부도 신나게 해내도록 하는 에너지의 원천이 부모의 말입니다.

이 책에는 아이를 잘 자라게 하는 부모의 말을 담고 있습니다.

부모의 말로 아이의 인생을 풍요롭게 만들어줄 수 있습니다.

아이의 잠재력은 부모가 생각하는 것 이상입니다.

잠재력을 믿고 부모가 아이에게 좋은 말을 사용한다면 우리 아이들의 잠재력은 무한히 성장할 것입니다.

모든 부모들이 아이의 인생에 도움이 되는 부모가 될 수 있습니다.

자신의 부모를 진심으로 사랑하는 아이로 자라나게 할 수 있습니다.

이 책을 통해 아이의 인생을 풍요롭게 만들고, 아이에게 진심으로 사랑받는 행복한 부모가 되길 진심으로 응원합니다.

김현정

차례

3장

아이의 인생을 변화시키는 엄마의 말투 III

4장

아이의 성적을 높이는 말투

5장

엄마, 자신을 다스려야 좋은 말이 나온다

6장

아이의 상황별 필요한 대화법

1장

아이의 인생을 변화시키는 엄마의 말투 Ⅰ

아이의 인생은 부모의 사고방식에 달려 있다

아이에게 부모는 세상을 보는 창이다. 부모의 감정과 가치관까지 아이에게 전달되기 때문이다. 사람은 살면서 "나는 어떤 존재인가?"와 "타인은 나에게 어떤 존재인가?"라는 질문을 던진다. 이 질문에 대한 부모의 답이 아이가 인생을 살아가는 태도의 기초를 만든다. 이 틀은 유아기에 형성되며, 부모나 다른 양육자로부터 받은 접촉에 의해 결정된다. 부모로부터 주어지는 환경의 영향이 아이의 기본적인 인생 태도를 형성하는 것이다.

부모는 자신이 자라온 대로 아이를 대한다

정신의학자 에릭 번은 "인생을 대하는 태도란 한 사람이 인생에 대처하는 기본적인 반응 경향"이라고 정의했다. 즉, 인생을 대하는 태도는 생존법인 셈이다. 번에 따르면 이 태도는 5~6세쯤 형성되는

데, 유아기 시절 부모와 함께한 여러 가지의 경험이 세상에 대한 기본적인 태도를 만든다. 이렇게 만들어진 태도는 성격의 일부분이 된다. 그리고 성인으로 성장해가며 마주치는 여러 상황 속에서 특정한 행동이나 반응 양식으로 나타난다.

사람은 한번 일정한 태도를 취하면 그것을 계속 강화하는 방향으로 나아간다. 강화(强化)란 생물이 어떤 자극에 반응해 유의미하게 미래의 행동에 영향을 주는 것을 말한다. 인간은 자신의 세계를 예측 가능한 상태로 만들려는 경향이 있기 때문이다. 그러므로 사람의 모든 행동은 자기 강화의 결과다. 자기 강화는 똑같은 행동을 반복하게 만든다. 불안을 없애기 위해 술을 마시고 나서 안도감을 느끼면, 불안할 때마다 술을 마시는 식이다.

상황을 대하는 태도는 사람에 따라 다르다. 교통사고로 가벼운 접촉 사고를 당했을 때 어떤 사람은 그만하기를 다행이라고 여긴다. 반면에 다짜고짜 상대방에게 화를 내는 사람도 있다. 실패했을 때에도 "나는 안 돼. 나는 능력이 없어"라며 낙담하는 사람이 있다. 반면 낙관적인 태도로 다시 도전하는 사람이 있다. 인생에 대해 어떤 인생 태도를 가졌느냐에 따라 상황을 바라보는 관점이 달라진다. 이런 태도의 차이는 그 사람이 지닌 삶의 기본 태도에서 나온다. 따라서 한 사람의 일관된 행동 패턴은 평생을 걸친 삶의 입장이라고 볼 수 있다. 그리고 아이는 부모의 인생 태도를 기초로 삼아 자신의 행동 패턴을 형성한다.

부모로부터 "버릇이 없네. 조용히 해!"라든가 "울지 마. 울 일 아니야!"라며 억압받고 무시당하며 자라는 아이들은 억울해서 화가 나도 참으라는 말을 듣는다. 이렇게 부모로부터 의사 표현과 행동을 억압

당한 채 성인이 되면, 스스로 자신을 억압한다. 나중에 아이를 낳고 키우면서 똑같은 방식으로 아이를 억압한다. 그리고 그 아이도 같은 방식으로 성장하면서 악순환이 거듭된다.

누구나 이런 환경에서는 도전적이기보다는 수동적으로 움직인다. 압박을 받으며 자란 아이는 그 테두리에 자신을 가두고, 부모가 정해 준 틀에서만 성장한다.

부모의 긍정적인 시선이 아이를 긍정적으로 만든다

사회학자나 행동경제학자들은 개인의 시각과 생각은 '제시된 틀'에 의해 좌우될 가능성이 높다고 주장한다. 이른바 프레이밍 효과(framing theory)다. 이 효과는 사회학자 어빙 고프만이 처음으로 주장한 것으로, 프레임이란 인식의 틀로서 정보를 제공받는 사람의 의사결정에 영향을 미친다. 행동경제학자 다니엘 카너먼과 아모스 트버스키가 이를 증명하기 위해 다음과 같은 실험을 진행했다.

"600명이 치명적인 질병에 감염되었다. 두 가지의 치료법이 있다. A치료법을 사용하면 200명을 살릴 수 있고, B치료법은 환자 전체를 살릴 수 있는 확률은 33%, 아무도 살릴 수 없는 확률이 67%다. 당신은 어느 쪽을 선택하겠는가?"라는 질문에 답하게 했더니 응답자의 72%가 A를 선택했다. 질문을 바꿔 다시 물었다. "C치료법을 사용하면 400명이 죽는다. 그러나 D치료법을 사용하면 아무도 죽지 않을 확률이 33%, 모두가 죽을 확률이 67%다. 이 경우라면 선택은 어느 쪽인가?" 그 결과, C치료법을 선택한 사람은 22%에 불과했다.

600명 중에서 200명이 산다는 것과 400명이 죽는다는 것은 같은 말이다. 그런데 첫 번째 설문에서는 72%의 사람들이 200명을 살리는 치료법을 선택했고, 두 번째 설문에서는 고작 22%만이 400명이 죽는다는 치료법을 선택했다. 카너먼과 트버스키는 이 결과가 프레임의 차이라고 분석했다. 질문이 긍정형으로 주어지면 긍정적인 결론이 나오고, 부정적으로 주어지면 부정적인 결론을 내릴 가능성이 높다는 사실을 실험을 통해 알아낸 것이다.

정육점에서 광고를 할 때, '이 소고기는 75%가 살코기입니다'와 '이 소고기는 25%가 지방입니다' 중에 어느 쪽 소고기를 더 좋게 평가할까? 소비자들은 살코기가 75%라는 광고를 더 많이 선택했다고 한다. 질문의 프레임에 의해 사람들의 결정이 움직인다는 것을 알 수 있다.

부모가 아이에게 하는 부정적인 말도 이와 같다. 아이는 "왜 이런 것도 몰라? 너 까마귀 고기 먹었니?", "머리가 이렇게 나빠서 어떻게 해?" 같은 말을 엄마에게서 들었을 때 '엄마가 가르쳐준 것은 절대로 안 잊어버려야지'라고 생각할까? 이런 아이는 정말 보기 드물다. 대부분의 아이는 '나는 머리가 나쁘구나. 멍청이야'라고 생각할 가능성이 훨씬 높다. 엄마의 부정적 프레임이 아이 자신을 부정적으로 생각하게 만든다.

아이의 긍정성을 키우려면 어떻게 해야 할까?

첫째, 아이를 이해하고 공감한다. 세계적인 심리학자인 다니엘 골먼은 감성지수(EQ)라는 개념을 성립하고, 이것이 높은 사람은 자신의 감정을 잘 알아차린다고 했다. 그리고 IQ보다 EQ가 중요하며,

EQ는 학습을 통해 계발할 수 있다고 주장했다. 정서지능이 높을수록 충동을 잘 통제하고, 타인의 감정도 잘 알아챈다. 타인의 이해도가 높아 갈등 상황도 원만히 해결할 수 있다.

아이에게 감성지능을 높여주려면 부모의 공감이 필수다. 부모가 아이의 걱정과 두려움을 알아주고, '할 수 없어', '못 하면 어떡하지?', '난 서투르잖아' 등 아이가 불안해할 때 불안함에서 벗어나도록 돕는다. 부모의 공감은 아이에게 정서적 바탕이 된다.

예시 진흙 만들기를 하기 전, 걱정하는 아이에게

엄마: 진흙이 묻을까 봐 걱정이 되는구나? 묻어도 괜찮아. 옷에 진흙이 묻으면 빨면 돼.
흙이 묻지 않게 우선 작게 만들어볼까?

예시 진흙 만들기를 하며, 옷에 진흙이 묻은 아이에게

엄마: 괜찮아. 옷에 안 묻게 하려고 조금씩 했는데 묻었네.

이렇게 부모가 아이의 마음을 알아주면 된다. 부모에게 쉬워 보이는 일이라도 아이에게는 '이까짓 것'의 일이 아닐 수 있다. 그러므로 아이와 함께 느끼고 공감하며 아이가 할 수 있도록 이끌어준다.

둘째, 부정적 아이의 말을 긍정의 말로 바꿔준다. 어렵고 자신 없어 하는 아이에게 "그게 뭐가 어려워?", "틀렸어. 그게 아니잖아"와 같은 부정의 말을 해서는 안 된다. 대신 아이의 상황을 긍정의 말로 바꾸어 표현해준다. "이렇게 하면 될 것 같네. 우리 같이 해볼까?", "재미있네. 또 다른 방법은 없을까?"와 같이 아이가 상황을 긍정적으로 바라볼 수 있게끔 전환시켜준다. 아이의 두려움은 쉽게 개선되지 않기 때문에 엄마의 도움이 필요하다. 아이가 불안하고 두려워하는 순간 엄마가 긍정의 손을 내밀어서 아이의 걱정과 두려움을 알아주고 발전하도록 돕는다.

예시 책을 읽게 하려는 상황에서

A: 이 책 정말 재미있더라. 너도 읽어볼래?

B: 방학 숙제로 독후감을 써야 하니까 이 책 꼭 읽어!

예시 숙제를 시키는 상황에서

A: 숙제 할 거야?

B: 숙제 안 할 거야?

아이는 어떤 말을 선뜻 받아들일까? A처럼 엄마가 긍정적인 프레임으로 말해야 아이가 긍정적인 대답을 할 것이다.

아이의 삶은 부모의 사고방식에 달려 있다

모든 아이는 부모의 생각보다 훌륭하게 자랄 수 있다. 어떤 양육법으로 아이를 이끄느냐에 따라 아이의 미래가 달라질 수 있다. 엄마가 부정적이면, 아이도 부정적으로 성장한다. 어두운 노래를 부르는 가수는 삶을 어둡게 보내고, 죽음을 노래하는 가수는 일찍 생을 마감한다는 이야기가 있다. 따라서 아이에 대한 엄마의 태도는 긍정적이어야 한다. 긍정적인 태도에서 긍정적인 말이 나오기 때문이다.

아이들은 부모의 긍정을 먹고 자라므로 아이에 대해 부정적인 생각이 떠오르면 얼른 마음을 고쳐 긍정적으로 바꾸고 사랑이 담긴 말을 건넨다. 그러려면 연습이 필요하다.

긍정적 태도와 부정적 태도의 예

긍정적 태도	부정적 태도
상쾌하다.	꺼림칙하다.
마음이 편안하다.	마음이 불편하다.
기분이 좋다.	기분이 나쁘다.
안심할 수 있다.	안심할 수 없다.
사랑받고 있다.	사랑받을 가치가 없다.
좋은 사람이다.	보기 싫다.
센스가 있다.	머리가 둔하다.
살 가치가 있다.	살 가치가 없다.
즐겁다.	답답하다.
동작이 민첩하다	동작이 느리다.
아름답다.	추하다.
할 수 있다.	실패한다.
도움이 된다.	쓸모가 없다.
뛰어나다.	뒤떨어진다.
똑똑하다.	무지하다.
하면 잘된다.	무엇을 해도 안 된다.
자기실현을 하고 있다.	자기실현이 안 된다.

부모의 말이 아이의 운명을 만든다

아이의 인생에 가장 큰 영향을 미치는 사람은 부모다. 부모는 아이의 모든 발달을 책임질 뿐 아니라 아이의 미래를 위해 누구보다도 노력한다. 아무리 뛰어난 전문가여도 부모만큼 아이를 사랑하지는 않는다.

부모와의 교류를 통해 아이는 사랑을 느끼고 차츰 부모가 하는 말을 이해한다. 부모와의 상호작용이 충분하면 아이는 끈끈한 정서적인 유대를 형성한다. 이런 유대감은 아이가 살아가는 데 든든한 힘이 되고, 타인과 정서적 유대를 형성하는 데도 지대한 영향을 미친다. 그러므로 부모와의 상호작용이 아이의 삶의 토대를 만든다고 할 수 있다.

이렇듯 인간은 말을 통해 소통하기 때문에 아이의 모든 변화는 부모의 말에서 시작된다.

부모와의 애착과 아이의 말

영국의 정신과 의사인 존 볼비는 어릴 적 형성된 애착이 인간 본성의 가장 중요한 기본이 된다고 주장했다. 볼비에 따르면, 애착 형성이 잘되지 않으면 아동기뿐 아니라 성인기에도 여러 가지 정신 질환을 일으키는 원인이 될 수 있다.

어린 시절의 애착이 평생을 좌우한다고 하는 '애착 이론'은 영아기에 부모의 적절한 돌봄에 의해 자신과 타인, 세상을 이해하게 된다는 것이다. 아이가 안정된 애착 관계를 경험하면 자신감, 신뢰감, 협동심 등이 길러지고 환경을 탐색하는 호기심도 발달하며 자율성도 갖춰서 자신 있게 행동할 수 있다. 그러므로 부모와 아이의 단단하고 안정적인 애착 관계는 중요하다.

아이의 영유아기는 매우 중요해서, 만 3세까지 아이 성격의 60%가 형성된다고 한다. 5~6세까지는 기본 인격이 80% 정도 완성된다. 이때까지 부모가 준 메시지에 의해 아이의 인생 각본이 만들어지는 셈이다. 부모에게서 사람이 지켜야 할 원칙과 살아가기 위한 규칙 등을 배우며 가치관이 형성된다. 그러므로 부모가 주는 메시지가 긍정적이면 아이는 좋은 인생의 각본을 만들 테지만, 부정적인 지시를 반복하면 아이의 자율성은 파괴된다.

말에는 놀라운 힘이 있다. 특히 아이에게 엄마의 말은 힘이 세다. 엄마와 아이의 관계는 그 어떤 것보다 끈끈하기 때문이다. 엄마의 말로 인해 아이는 힘을 낼 수도 있고, 아프기도 한다. 부모의 말은 아이에게 길이 된다. 좌절하지 않고 스스로 해결할 수 있는 아이로 키우는 것도 '엄마의 말'이다.

'엄마의 말'은 단지 엄마가 사용하는 말을 가리키는 것이 아니다. 아이의 변화를 기대하는 사람은 엄마의 마음으로 아이에게 말을 건넨다. 그러므로 '엄마의 말'을 잘 활용하면 아이의 잠재력은 얼마든지 달라질 수 있다. 엄마의 말은 아이의 마음을 어루만져주고 힘을 북돋아준다. 그러나 때로는 의도하지 않게 상처를 주기도 한다. 부모가 과거에 해준 말을 떠올려보면 부모의 말이 현재의 나를 만드는 데 얼마나 영향을 미쳤는지 금세 깨달을 것이다.

마야 안젤루는 전 세계적으로 많은 이의 삶에 긍정적인 영향을 미쳤는데, 그녀와 엄마의 일화는 엄마의 말 한마디가 아이에게 얼마나 중요한지 보여준다. 그녀는 7살에 성폭행을 겪고 16살에 미혼모가 되었지만 미국에서 가장 영향력 있는 사람으로 꼽혔다. 그 비결을 묻자, "나를 있는 그대로 인정해주고 좋은 면을 바라봐준 단 한 사람, 어머니가 있었기 때문"이라고 말했다. 안젤루의 엄마는 16살에 미혼모가 된 딸에게 "넌 내가 만난 여성 중에서 가장 대단해. 넌 언제든지 집으로 돌아올 수 있어"라고 말해주었다. 아이에게 자신이 안전 기지이자 변함없는 자신의 편임을 각인시켰다. 그리고 엄마의 말이 그 많은 불행과 절망을 이겨내고 우뚝 선 인간이 되게 했다고 한다. 엄마의 말은 실로 위대하다.

부모의 말이 중요한 데는 이유가 있다

첫째, 부모의 말은 아이의 인생에서 기본 뼈대가 된다. 아기는 생후 10개월부터 일정하게 반복되는 외부 자극에 대한 반응 패턴을 만들어간다. 부모에게 배운 것, 스스로 생각하고 판단한 것, 마음이 느끼는 것에 의해 자신만의 각본을 세운다.

갓 태어난 아기는 백지 같은 상태에서 외부에서 오는 자극을 그대로 받아들인다. 그래서 어딘가 불편하면 울음으로 표현한다. 그런데 부모가 적절하게 반응해주지 않으면 '어떻게 해도 안 되는구나', '부모가 하는 대로 따를 수밖에 없어'라는 식의 가치관이나 신념으로 자리 잡는다.

에릭 번은 유아의 뇌세포는 오염되지 않은 상태라고 했다. 그렇기에 갓 태어난 아기는 세상의 모든 자극을 고스란히 받아들이며, 부모가 보여주는 눈빛, 몸짓, 언어를 통해 세상과 교류한다. 생후 몇 년 동안 아이가 부모와의 교류를 통해 쌓은 지식이나 체험은 아이에게 각인되어 평생 사라지지 않는다. 사람의 판단과 행동은 과거의 정보에서 비롯되기 때문에 아이의 인생에 지속적으로 영향을 미친다. 그리고 이런 과정이 반복되면서 그 사람의 성격과 인격이 형성된다.

아이는 부모의 말과 자신이 느낀 것을 기억에 차곡차곡 기록한다. 그러므로 자녀의 정서적인 신호를 부모가 잘 파악해 적절히 반응해줘야 한다. 아이가 짜증을 낼 때 왜 불편한지를 민감하게 파악하고 응답해주면, 아이는 자신이 충분히 부모에게 받아들여지고 있다고 생각해서 더 이상 짜증을 부리지 않는다.

아기는 태어나 생후 몇 년간은 부모가 해준 말과 부모로부터 배운 것을 모두 기록하고, 커가면서 검증한다. 그러므로 유아기에 부모와 어떻게 교류했는지에 따라 아이의 인생 프로그램은 달라진다.

부모가 하는 모든 말과 행동은 아이의 '마음'을 형성하는 데 깊이 관여한다. "너는 틀렸어" 혹은 "넌 잘하는 게 없어"와 같은 부정적인 말을 반복해서 들으면 아이는 성인이 되어도 자신감을 잃는다. 자신의 의지를 부정당했기 때문이다. 필자는 어렸을 적 그림 그리기를 좋아했다. 한번은 그림을 그리다가 잘못해서 물감이 담긴 통을 엎는 바람에 비싼 카펫을 더럽히고 말았다. 깜짝 놀라 엄마를 쳐다보았는데, 엄마는 "왜 이랬어?" 하며 혼을 냈다. 이 일은 강하게 기억되었고, 그림을 그릴 때마다 그때 혼났던 기억이 되살아나서 그림 그리는 일이 예전처럼 재미가 없었다.

둘째, 부모의 말은 아이의 인성과 자존감을 결정짓는다. 교류 분석 제창자인 도로시 종그워드와 뮤리엘 제임스는 "아이는 성공하기 위해 태어난다"며, 부모의 메시지가 유아의 대뇌에 전달되어 왕자와 공주로 자란다고 했다. 그런데 오히려 부모가 그 싹을 잘라버려 개구리로 만드는 경우가 있다. 이렇게 가능성을 빼앗기면 아이는 타고난 잠재력을 실현하지 못하고 승자가 아니라 패자로 인생을 살아간다. 부모가 아이에게 부정적인 메시지를 보내면 아이의 가능성은 막힌다. 그리고 이런 일이 지속되면 이것이 아이의 성격을 형성하는 기본적인 틀이 된다. 그러므로 매일 부모가 아이에게 들려주는 말은 아이의 인생 각본을 구성하는 아주 중요한 재료다.

다음과 같은 부모의 말과 행동에 매일 노출돼 있다고 상상해보자.

넌 안 돼.

너는 말썽쟁이야.

너는 왜 이렇게 힘들게 만드니?

너 왜 귀찮게 굴어.

널 낳지 말걸 그랬어.

너 때문에 힘들어 죽겠어.

너 왜 그랬어?

너 때문에 못살아.

아이에게 전달되는 부모의 부정적 메시지는 아이를 소극적으로 만든다. 그러면 아이는 문제가 발생했을 때 적극적으로 해결하기보다 피하려고만 하고 핑계를 댄다.

부모는 아이에게 긍정적인 말을 많이 해주어야 긍정적으로 자신을 받아들인다.

나는 괜찮아. 나는 나니까 만족해.

나는 필요한 존재야. 나는 사랑받고 있어.

나는 내가 좋아. 나는 나를 정말 사랑해.

나는 유능해. 나는 어려워도 해낼 수 있어.

나는 행복해. 나는 운이 좋은 사람이야.

이렇게 자신을 긍정하는 의식은 자신에 대한 강한 믿음을 바탕으로 한다.

아이가 자신의 존재 자체로 사랑받고 있음을 실감할 수 있어야 자신을 인정하고 수용하는 과정을 통해 자신을 긍정하게 된다.

광고도 몇 번 보면 머릿속에 남고, 대중가요도 몇 번 듣고 나면 따라 부를 수 있다. 이와 마찬가지로 긍정적인 말을 자주 들어야 아이는 자신을 긍정하고 하고 싶은 일에 도전하며 어려움도 뛰어넘을 수 있다고 생각한다. 아이가 건강하게 성장하길 바란다면 부모가 아이에게 긍정의 메시지를 주어야 아이가 긍정적인 인생 각본을 만들 수 있다.

아이의 운명을 결정하는 부모의 말

김창옥 강사는 결혼하기 전에 상대의 어머니를 만나보라고 권한다. 부모의 언어와 집안의 말투, 반응 방식을 살펴볼 필요가 있다는 것이다. 한 사람이 무의식적으로 사용하는 말은 어릴 적에 보고 듣고 배운 언어다. 그러므로 무의식적인 말버릇이 좋은 남자, 예쁘게 말하는 여자가 부모가 되면 그 자녀는 자연스럽게 언어가 예쁘고 행동이 바른 사람으로 자란다. 이렇듯 엄마의 말이 아이의 길을 만든다.

아이는 하루 종일 가장 많이 듣는 말이 엄마의 말이다. 그러므로 최소 20년 이상을 듣고 배우는 엄마의 말이 어때야 할지 잘 생각해볼 필요가 있다. 예쁜 말에는 배려와 사랑이 담겨 있다. 엄마의 말투는 겉으로만 예쁘게 꾸며진 것이 아니라 아이에 대한 사랑이 곁들여진다. 그러니 예쁜 말투를 지닌 엄마 되기에 도전해보는 것은 어떨까?

엄마의 말 연습

1) 아이에게 해야 하는 말 연습(듣고 싶은 엄마 말)

그런 일이 있었어?
그때 속상했겠구나.
기분이 좋았겠네.
발표를 잘했어? 우와!

응, 그랬구나.

괜찮아.

너무 멋지다.

역시 우리 아들(딸)!

2) 아이에게 해서는 안 되는 말 연습(듣기 싫은 엄마 말)

공부 안 하고 뭐 해?

숙제 언제 할 거야?

100점 받으면 사줄게.

넌 몰라도 돼. 엄마가 알아서 할 테니까 넌 공부해.

너 학원 가야겠다. 엄마가 학원 알아봤어.

너 커서 뭐가 되려고 그래? 큰일이네.

그거 해서 뭐 하게?

어차피 쓸모없어.

엄마는 아이에게 용기를 주는 말을 해야 한다

사람은 판단을 내릴 때 주변 환경의 영향을 받아 자신이 처한 상황과 주변 사람들의 의견을 살핀다. 주변 사람들이 나를 불쌍하게 바라보면 나도 스스로가 왠지 측은하게 느껴진다. 성장기인 아이들은 더욱 그렇다. 그렇기에 아이들에게 가장 중요한 판단의 기준은 자기 자신과 부모님이다.

아이들은 꿈을 찾는 과정에서 많은 좌절을 맛보게 된다. 자신이 선택한 일에 실패하는 경험이 반복되면 아이는 스스로에 대한 신뢰를 잃을 수 있다. 이때 부모 역할이 크다. 아이 곁에서 부모가 해주는 한마디가 아이에게 큰 힘이 되는 것이다.

아이들의 좌절감

미국의 정신분석학자 하인츠 코헛에 따르면, 아이들은 적절한 좌절감을 겪으며 성장한다고 한다. 아이에게 좌절이 필요하다는 것이다. 그러나 이 좌절로 인해 아이 마음이 부서지게 해서는 안 된다. 그러려면 부모의 사랑과 공감이 전제되어야 한다. 부모가 아이의 마음을 잘 수용해주는 것이다. 그렇다고 해서 "네가 최고야"라며 아이를 억지로 추켜세우라는 의미가 아니라, 아이가 인정받고 싶어 할 때 부모가 그 마음을 이해하고 받아들이면 된다는 말이다. 아이에게 "많이 힘들었구나. 알아주지 못해서 미안해. 어떤 일이 있어도 나는 네 편이야"라고 거듭 마음을 전한다.

이렇듯 부모는 아이들이 심한 좌절에 빠지지 않도록 해야 한다. 그러므로 아이에게 실패를 염두에 두고 행동하는 요령을 알려주어야 한다. 아이가 하고 싶은 것을 말할 때 바로 밀어주겠다는 식의 무모한 태도는 금물이다. 그보다는 자신의 꿈에 대한 현실 감각을 가질 수 있도록 만들어주어야 한다. 대신 자신의 꿈에 관해 질문하고 꿈과 진지하게 마주할 기회를 부여한다. 게다가 아무 대책 없이 아이의 꿈을 밀어주면 성공할 확률이 낮다. 그리고 농익지 않은 꿈을 잘못 밀어주었다가 오히려 아이를 망가뜨릴 수 있다. 준비되지도 않은 꿈을 막연히 좇다가 포기하면 오히려 아이는 심한 좌절감을 느끼고 돌이키기 힘든 자존감의 상처로 남을 수 있다.

스타트업 대표는 투자받기 위해 반드시 사업계획서를 작성하여 투자 심사자들에게 날카로운 질문을 받는다. 이런 과정을 거쳐 사업계획은 현실 감각을 갖추고 다듬어진다. 심사자들의 질문은 고통스럽지만, 이 과정을 거쳐야 실패를 최소화할 수 있고 그만큼 치밀하게 계획되면 성공 확률이 높아진다. 아이들의 꿈도 마찬가지다. 아이의 꿈도 현실 감각을 찾기 위해 이 과정이 반드시 필요하다. 부모를 설득하는 과정을 거치면서 아이는 자신의 꿈에 허점이 있다면 이를 보완할 수 있고, 하나씩 깨우쳐나간다.

그렇다고 부모는 아이의 꿈을 무모하게 반대하는 것이 아니다. "네가 생각하는 것보다 화가는 힘든 길이야. 어떤 계획이 있는지 엄마를 설득시켜봐"라는 식으로 아이가 자신의 꿈을 진지하게 생각해보도록 질문을 던진다. 이에 답하면서 아이는 화가가 되기 위해 어떤 대학에 가야 하는지, 유학 후 진로는 어떤 길이 있는지 생각해볼 기회가 된다. 아이 스스로가 진지하게 정보를 알아보고 진로 계획을 세우는 것은 정작 이를 이루지 못하더라도 의미가 있다. 그러므로 아이의 결정이 걱정스러울 때는 "엄마가 너무 걱정되는데, 네가 엄마를 설득해볼래?"라고 질문을 던지고 아이 자신이 판단하고 느끼도록 한다. 이런 과정을 거치면 아이의 꿈은 성공할 확률이 높아진다.

부모가 주는 용기의 암시는 아이를 변화시킨다

누군가의 심각한 고민 이야기를 듣고 나면 덩달아 맥이 빠진다. 유쾌하고 기분 좋은 긍정적인 사람을 만나면 마음이 경쾌해진다. 긍정과 부정의 말은 이런 위력을 지닌다. 육아도 마찬가지라서, 엄마의 긍정적인 말이 아이에게는 긍정적인 정서나 행동의 시작점이 된다. 엄마의 부정적인 말은 아이의 부정적인 정서나 행동의 원인이 될 수 있다.

언어 자극이 긍정적 또는 부정적으로 상대의 행동에 영향을 미치는 현상을 증명하는 실험이 있다. 예일 대학교 심리학자 존 바그 교수는 실험 참가자들을 두 그룹으로 나누었다. 그리고 A그룹에는 '공격적으로, 함부로, 강요하다, 괴롭히다' 등 부정적 이미지의 단어 카드를 주고, B그룹에는 '감사하는, 양보하는, 예의 바른, 존경하는' 등과 같은 긍정적 이미지의 카드를 주었다. 그리고 주어진 단어들을 가지고 5분 동안 문장을 만들게 했다. 그때 실험 진행자가 다른 사람과 이야기하는 바람에 참가자들이 기다려야 하는 상황이 연출되었다. A그룹 참가자들은 5분도 참지 못하고 불평불만을 토로했다. 반면 B그룹 참가자들은 10분이 넘도록 인내심을 가지고 기다렸다.

한편, 실험 장소로 이동할 때의 걸음 속도와 실험을 마친 후의 걸음 속도를 측정했다. '늙은, 휠체어를 탄, 은퇴한, 쓸쓸한, 근심하는, 주름진, 무기력'과 같은 노인과 연관된 단어를 본 사람들은 실험 전보다 느리게 걸었다. 반면에 '열정적인, 젊음, 승진, 부지런한, 빠른, 운동, 춤추기, 파티' 같은 단어로 문장을 만든 참가자는 걸음걸이가 경쾌하고 빨라졌다. 말에는 에너지가 있다는 것을 알려주는 결과다.

부모들은 "너 그러다 시험 빵점 받는다"든가, "선생님 말 안 듣고 말썽 피우면 혼날 줄 알아!", "너 그러다 큰일 난다" 등 부정적인 말을 아이를 걱정하는 마음에서 쉽게 내뱉는다. 그러나 엄마가 아이에게 이렇게 말하는 순간 아이의 마음속에서 부정적인 정서와 행동이 점화될 수 있다는 것을 알아야 한다.

반면, 부모가 "기죽지 마! 넌 우리에게 항상 소중한 사람이야"라며 의기소침해 있는 아이에게 용기를 주면 아이의 마음속에 강한 에너지 전환을 불러온다. 성장하며 겪는 문제는 대부분 양육자가 제대로 이끌어주면 나쁘게 발전하지 않는다. 아이의 부정적 에너지는 부모의 사랑의 에너지로 즉각 끌어올려 또다시 힘을 내게 된다. 이렇듯 아이를 일으켜 세우는 게 부모의 역할이다.

부모 미소의 효과

'뒤센 미소'는 안륜근(눈둘레근)까지 사용하는 진짜 미소다. 눈가 근육이 전혀 움직이지 않는 웃음은 '팬암 미소'라고 하여 가짜 웃음을 가리킨다. 과거 미국의 팬암 항공사 승무원들이 짓던 인위적 미소를 빗대서 생겨난 말이다.

부모가 웃으면 세상도 웃고 아이도 웃는다. 부모의 웃음은 아이의 마음속에 용기와 희망을 불러일으켜 아이의 좌절을 막고 성공적인 삶을 부를 수 있다.

버클리 대학교 대처 켈트너와 리앤 하커 교수는 뒤센 미소와 팬암 미소가 삶에 미치는 영향에 대해 연구했다. 밀스 대학교의 1960년도 졸업생의 졸업사진을 분석해서 뒤센 미소를 지은 졸업생과 팬암 미소를 지은 졸업생을 가려냈다. 141명의 졸업생 중 50명은 눈꼬리가 휘어질 만큼 환한 미소를 지었고, 나머지 사람들은 억지로 웃고 있었다. 그 후 졸업생들이 27세, 43세와 52세가 되는 해에 인터뷰를 진행했다. 그 결과 뒤센 미소 집단이 팬암 미소 집단에 비해 훨씬 건강했고 생존율도 높았다. 결혼 만족도와 소득 수준도 높았다. 진짜 미소를 짓는 뒤센 미소 집단이 성공적인 삶을 산다는 결론이었다.

영국 울스터 대학에서 운동심리학을 강의하는 노엘 브릭은 신체 에너지를 아끼려면 도저히 웃기 힘든 상황에서도 웃어야 한다고 주장한다. 마라톤과 같은 운동 경기에서 신체 에너지를 아끼면 기록은 저절로 좋아진다. 2016년 리우 올림픽 마라톤에서 금메달을 딴 케냐 선수 엘리우드 킵초게는 마라톤을 할 때 30초마다 한 번씩 웃는다고 한다. "달리는 것은 다리가 아닙니다. 심장과 마음이죠"라는 킵초게의 말처럼 아이가 힘차게 달려 나갈 수 있도록 돕는 것은 부모의 긍정적 웃음이다. 아이에게 짓는 웃음은 아이가 지치지 않고 달리게 할 수 있다.

부모의 긍정적인 마음과 행복의 웃음은 감정 표현, 메시지 전달 이상의 힘이 있다. 뒤센 미소를 지은 졸업생들은 졸업사진 촬영을 긍정적인 이벤트로 인식하고 그 순간을 즐겼기에 진짜 미소를 지을 수 있었을 것이다. 본인에게 일어나는 일을 긍정적인 태도로 대하려는 마음가짐이 진짜 미소로 드러난 것이다. 이는 평소에 진짜 미소를 짓는 훈련이 되어 있기에 가능하다.

그리고 부모의 웃음은 아이에게 전염되므로, 부모의 긍정적인 태도가 아이에게 힘을 갖게 하는 셈이다.

부모가 주는 용기가 아이를 바꾼다

인간은 누구나 관심을 받기를 원한다. 부모는 아이가 잘하는 일을 당연하게 여기지 말고, 사소한 것이라도 진심으로 칭찬한다. 아이가 잘해낼 때마다 부모가 긍정적인 피드백을 해주면, 아이는 그 행동을 더 많이 한다.

그러려면 부모는 아이의 일에 관심을 가지고, 실패해도 기회로 생각하도록 이끌어준다. '네가 어떤 모습이든 너를 지지하고 사랑해'라는 긍정의 메시지를 계속 보내면 아이는 믿음직한 동반자를 얻은 것처럼 느낀다. 이런 감정은 아이의 인생에서 강력한 지지대가 되어 좌절도 쉽게 이겨낼 수 있다.

아이가 꿈에 대한 현실 감각을 키우게 하는 질문
(현실에 대해 생각하고 판단하게 한다)

1. 어떤 일을 하면서 가장 흥미로웠니?
2. 어떤 직업을 가지고 싶어? 그 이유는 뭐야?
3. 세상에서 지금 어떤 문제가 가장 중요하다고 생각해?
4. 돈을 버는 일과 사회에 기여하는 일은 어떤 관계가 있을까?
5. 어떤 직업을 선택하면 돈을 많이 벌 수 있을까?
6. 사람에게 돈이 많은 것은 중요할까?
7. 자신의 능력과 관심사를 보면 어떤 분야를 진로로 정하는 것이 좋을까?
8. 성공적인 사람들이 가진 공통된 특징에는 뭐가 있을까?
9. 우리가 실패를 통해 배울 수 있는 것은 무엇일까?
10. 도전과 역경을 극복하는 방법에는 어떤 것이 있니?
11. 자신의 강점과 약점은? 그것들을 어떻게 활용할 수 있을까?
12. 다른 사람들에게 도움이 되는 느낌을 받았던 적은 언제야?
13. 직업을 선택할 때 어떤 가치를 중요시하는 것이 좋을까?
14. 우리에게 경쟁은 어떤 의미를 가지고 있을까?
15. 꿈을 이루기 위해 필요한 노력에는 어떤 것들이 있을까?

아이를 인정하는 말을 건넨다

2016년 여성가족부에서 부모 1,000명과 어린이 600명을 대상으로 '아이가 바라는 부모, 부모가 말하는 좋은 부모'에 대해 설문 조사를 했다. 그 결과, 부모와 아이 모두 '말을 잘 들어주고 대화를 많이 하는 부모'를 원했다. 부모자식 간에 말이 잘 통하는 관계를 원하는 것이다. 이렇게 소통하려면 가장 먼저 필요한 것은 존중과 인정이다. 시험이 끝난 아이에게 "네가 매일 열심히 공부했다는 건 엄마가 다 알고 있어"라고 인정해주면 아이는 기죽지 않는다. 그리고 다음에 더 잘해야겠다고 마음먹는다. 이렇게 인정받는 경험을 하면 아이는 소신 있게 말할 수 있는 사람으로 성장한다.

인정하는 것이 중요한 이유

발달심리학자인 해리 할로는 사람들과의 애정 관계를 바탕으로 행동이 발달된다고 말한다. 그러므로 부모와 아이가 서로를 인정하는 것이 중요하다.

우선, 부모가 아이를 인정하는 말은 아이의 대인관계에 영향을 미친다. 자신의 욕구가 받아들여지는 경험이 쌓이면 아이는 다른 사람에게도 안전함을 느끼고 자신을 편안하게 드러낸다. 반면 자신의 욕구를 부정당하고 거부당하면 거절을 두려워하는 아이로 자라므로 자신을 감추게 된다. 그러므로 해야 할 말은 할 줄 아는 아이로 키우려면 아이의 의견을 인정해주어야 한다. 이는 곧 자존감으로 연결된다.

둘째, 부모가 아이를 인정하는 말은 관계의 문제를 해결할 수 있다. 미국의 한 교육 전문 매체 '빙 더 페어런츠(Being The Parents)'에서는 선생님과 학생의 갈등을 해소하는 방법을 소개한다. 여기서 가장 강조하는 것이 인정과 지지다. 아이들이 선생님이 싫다거나 나쁘다고 말할 때 부모는 아이에게 "네가 잘못 알았겠지", "네가 틀렸어"라고 말하면 안 된다. 부모는 아이가 하고 싶은 말과 하소연을 충분히 들어주고 심정을 이해한 후 아이의 생각을 인정해주어야 한다. 아이의 주장을 부정하면 아이가 마음을 닫기 때문이다. 오히려 이렇게 아이의 의견을 인정하면 선생님과 아이의 관계가 회복된다.

셋째, 아이가 인정받고 싶어 하는 것은 생물학적인 기본 욕구다. 교류 분석으로 유명한 에릭 번은 사람들과 접촉하고 인정받는 것은 인간관계에서 본질적이라고 주장했다. 사람은 누구나 인정받기를 원하며, 정신적인 평온을 유지하는 데 있어서 인정은 필수 요소다. 금지와 명령 대신 인정과 설득의 대화가 오갈 때 아이들은 편안함을 느낀다.

너의 속상한 마음은 알겠어. 지금 많이 속상하구나. (마음 인정)
네 방에 들어가서 울어도 괜찮아. (대안 제시)
실컷 울었어? 기분이 좀 풀렸어? (마음 묻기)

아이에게 좋은 습관을 만들어주는 것만큼이나 아이의 욕구를 인정하고 받아들이는 것도 부모의 역할이다. 만약 아이가 자신의 욕구를 숨기면 가정은 아이에게 차가운 공간으로 느껴진다.

넷째, 아이의 감정을 인정하면 아이가 달라진다. 아이의 기분과 감정을 인정하는 것은 아이가 스스로 바른 생각을 하도록 돕는다. 감정은 막으면 곪아 터지는 속성이 있으므로 자연스럽게 분출하며 해소해야 한다. 그러므로 아이는 감정을 경험할 만한 충분한 시간이 필요하다. 아이가 울 때는 "울지 마. 뚝 그쳐"가 아니라 "울어도 괜찮아"라며 감정을 인정해준다. 엄마가 감정을 인정해주면 아이 스스로 바르게 생각하고 행동한다. 아이의 감정은 뒤로한 채 행동을 지적하고 가르치면 아이는 감정을 조절하는 힘이 약해지면서 마음속에 분노만 쌓인다.

인정의 말투를 위해 부모가 해야 할 일

첫째, 아이의 생각을 먼저 듣는다. 엄마의 생각을 말하기 전에 먼저 "왜 그럴까?"라고 묻고 아이의 생각을 들어본다. 질문으로 되물으면 아이는 생각을 정리하는 습관이 생기며 생각하는 힘도 길러진다. 아이의 생각이 엄마와 똑같지 않은 것은 당연하다. 각자 경험이 다르기 때문이다. 그러므로 아이 말을 끝까지 들어주어야 이해할 수 있다.

한편, 부모가 아이의 의견을 들어주면 아이의 자존감이 높아지고 매사에 의욕도 높아진다. 긍정적인 말 한마디로 아이는 엄마가 자신의 의견을 알고 싶어 하며 존중한다고 느껴서 기뻐한다. 그리고 엄마가 늘 자신의 말에 귀 기울여준다는 사실에 안심한다. 아이도 엄마의 말을 듣기 위해 어떻게 마음의 준비를 해야 하는지 자연스레 배운다.

둘째, 아이의 말을 듣고 난 후에는 아이를 적극적으로 지지한다. 마음만 알아줘도 관계가 한결 편안해진다. 감정을 인정해준 사람에게 아이는 이해받았다고 느끼고 마음을 열기 때문이다. 이때 명령형으로 말해서는 안 되며 부드러운 말투로 인정해준다.

아이의 감정을 인정해주는 말

네 마음은 알겠어.
네가 화난 데는 그럴 만한 이유가 있을 거라 생각해.
억울할 수도 있겠다.
그렇구나. 참 슬펐겠구나.
나도 그런 적 있어. 어떤 마음인지 알 것 같아.
좋은 질문이네.
재미있는 이야기인걸.

셋째, 아이의 노력을 인정한다. 먼저 아이가 잘한 부분을 인정한 다음, 그다음 이야기로 나아간다. 처음부터 모자라는 부분을 지적하면 아이는 자신감과 의욕이 떨어진다. 그런 상황이 계속되면 쉽게 포

기하고 자기 긍정감도 떨어진다. “어제 네가 집중해서 공부하는 모습을 엄마가 봤어. 정말 대단하네”라는 식으로 아이의 노력을 인정한다. 아이가 공부를 제대로 하지 않아서 “거봐, 공부를 안 하니까 성적이 이 꼴이잖아!”라고 윽박지르고 싶더라도 참아야 한다. 그 대신 아이의 마음을 표현해주면 아이는 다음에 더 잘해야겠다는 의욕이 생겨난다.

아이의 노력을 인정하는 말투

엄마는 네가 마음만 먹으면 잘하는 아이라는 것을 알아.
다음엔 더 열심히 할 거지?
네가 푼 문제의 답이랑 엄마가 내린 답이 다르네? 한번 검토해보자.
열심히 했네. 엄마가 계산이 틀린 것일까?

아이가 문제를 풀 때도 살짝 힌트만 주면, 아이는 틀린 문제를 찾아서 스스로 답을 찾기 시작한다. 처음부터 아이가 실수하지 않도록 부모가 먼저 도움을 주는 것이 능사가 아니다. 답을 틀리면 오히려 생각하는 힘을 길러줄 수 있는 좋은 기회로 여긴다. 아이가 방 청소를 한 결과가 마음에 들지 않아도 “청소해줘서 고마워. 구석에 있는 먼지까지 닦으면 더 깔끔해지겠네. 다음에는 구석도 잘 부탁해”라고 덧붙인다.

인정하는 대화법의 실전 연습

첫 번째 단계는 아이의 말 중에서 중요한 단어를 기억하고 그 말을 되풀이하는 것이다.

예시 1

아이: 엄마, 나 오늘 학교에서 축구했어.

엄마 반응 1: 어.(×)

엄마 반응 2: 무슨 학교에서 축구만 하니?(×)

엄마 반응 3: 어, 그래? 축구했어?(○)

예시 2

아이: 엄마, 나 배고파.

엄마 반응 1: 또?(×)

엄마 반응 2: 간식 먹어.(×)

엄마 반응 3: 그래, 배고프구나.(○)

예시 3

아이: 엄마, 급식에서 싫어하는 양파가 나왔어. 그래서 한번에 삼켰어.

엄마 반응 1: 친구들 중에서 양파 안 먹는 애는 너밖에 없지?(×)

엄마 반응 2: 그냥 삼키면 어떡해? 씹어 먹어야지.(×)

엄마 반응 3: 와, 양파를 먹어봤어?(○)

두 번째 단계는 대화가 더 나아갈 수 있도록 유도하는 것이다.

예시 1

아이: 엄마, 나 오늘 학교에서 축구했어.

엄마: 어, 그래. 축구했어? + 몇 반이랑 축구했어?

예시 2

아이: 엄마, 나 배고파.

엄마: 그래~ 배고프구나. + 뭐 먹고 싶어?

예시 3

아이: 엄마, 학교에 양파가 나왔는데, 진짜 먹기 싫었거든. 한번에 꿀꺽 삼켰어.

엄마: 와, 양파를 먹어봤어? + 먹어보니까 맛이 어땠어?

세 번째 단계는 아이가 한 말에 엄마의 생각을 덧붙여서 얘기하는 것이다.

예시 1

아이: 엄마, 나 오늘 학교에서 축구했어.

엄마: 어, 그래. 축구했어? + 신났겠다. 몇 반이랑 했어?

예시 2

아이: 엄마, 나 배고파.

엄마: 그래, 배고프구나? + 많이 배고팠지? 먹고 싶은 거 있어?

예시 3

아이: 엄마, 급식으로 양파가 나왔어, 진짜 먹기 싫었는데 꿀꺽 삼켰어.

엄마: 이야, 양파를 먹었어? + 엄청 튼튼해지겠는데. 먹어보니 어땠어?

인정하는 말이 아이를 키운다

미국의 심리학자 윌리엄 제임스는 "인간의 본성 중에서 가장 강한 것이 타인에게 인정받기를 갈망하는 마음"이라고 했다. 부모나 주변 사람들로부터 충분히 인정받지 못한 아이는 성인이 돼서도 인정받기 위해 전전긍긍한다. 그리고 다른 사람을 인정하는 데도 인색해져서 인간관계가 힘들어진다. 그러므로 부모는 아이가 마음의 힘을 기를 수 있도록 무한히 인정해줘야 한다. 부모가 믿어주고 인정해주면 아이는 스스로 내면의 힘을 이끌어내며 노력한다.

아이를 인정하지 않는 말투 / 고쳐야 할 부모 말투

듣기 싫다. 그만해. 조용히 밥 먹어.
넌 도대체 왜 그 모양이니?
너는 태도가 문제야.
이럴 줄 알았어. 기대도 안 했어.
너는 싹수가 노랗다.
그렇게 해서는 절대로 넌 성공 못 해.
아휴, 답답해. 아직도 그걸 몰라?
너는 왜 제대로 하는 일이 없니?

너는 왜 이 따위로 사니?

너는 왜 그것밖에 안 되니?

아이를 인정하는 말투 연습 / 연습해야 할 부모 말투

네가 집중해서 공부하는 모습, 엄마가 봤어. 잘하고 있구나.

엄마는 네가 마음만 먹으면 잘하는 아이라는 걸 알아.

다음엔 더 열심히 할 거지?

노력하는 네 마음이 너무 예쁘다.

너는 참 노력하는 아이구나.

이렇게 하다 보면 못 이룰 일이 없겠는걸.

열심히 했구나. 엄만 정말 뿌듯해.

네가 그렇게 결정했다면 이유가 있겠지. 너의 의견을 존중할게.

아이의 사고력을 길러줄 수 있는 말을 한다

공부는 독립해 살아갈 수 있는 능력을 기르는 과정이다. 이 능력은 배우고 익히는 과정을 통해 생긴다. 암기력은 공부력의 일부분일 뿐, 공부의 목적은 생각하는 힘을 기르는 것이다. 새로운 시대는 문제를 해결할 사고력을 지닌 인재를 원한다. 그러므로 문제 해결을 위한 사고력을 증진하는 과정이라고 인식하면 성적과 관계없이 아이를 칭찬할 수 있다. 아이가 틀렸을 때 바로 지적하면 아이 스스로 생각할 기회가 사라진다. 공부의 의미가 없어지는 것이다. 그러므로 부모는 공부를 사고력을 키우는 과정으로 바꾸어야 한다.

사고력을 길러야 하는 이유

공부를 통해 생각하는 힘이 길러지는 과정에는 특징이 있다. 첫째, 공부하면서 많은 능력이 같이 습득된다. 문제 해결 능력, 시간 관리 능력, 절제력, 집중력, 사고력 등이 공부를 통해 길러지는 것이다. 12년 동안 학교를 다니며 매일 공부하다 보면 생길 수밖에 없는 능력이다. 한편, 공부하지 않으면 자신의 잠재력을 알 수 없고, 공부가 얼마나 큰 이득을 주는 일인지도 모른다. 공부하지 않는 아이는 공부하는 것을 손해라고 생각하기 때문에, 노는 일에 가치를 두어 공부의 가치를 깨닫지 못한다. 그러나 공부를 소홀히 하면 아이가 혼자 서야 하는 어른이 됐을 때 고생할 수밖에 없다. 공부를 하는 과정에서 계발되어야 할 능력이 계발되지 못했기 때문이다.

둘째, 생각하는 힘이 있으면 공부의 효율성이 높아진다. 생각하는 힘이 생기면 공부력은 저절로 향상되며, 효율적으로 암기할 수 있다. 영어 단어를 공부할 때도 쉽게 외우고 잘 잊어버리지 않는다. 암기를 잘하는 방법을 찾아내는 것도 생각하는 힘이 있기에 가능한 일이다. 시간을 어떻게 쓸지 계획을 세우고 꼼꼼히 따지므로 시간을 더 효율적으로 쓴다. 누구에게나 하루는 24시간으로 정해져 있어서, 시간을 어떻게 쓰느냐에 따라 효율이 달라진다. 초등학교 때부터 생각하는 힘을 기르면 시간을 효율적으로 활용하는 습관이 붙어서 사회에 나가 일을 하거나 가정생활을 할 때도 큰 도움이 된다.

셋째, 생각하는 힘이 있으면 공부를 좋아하게 된다. 인간의 행동을 일으키는 동기에는 2가지가 있는데, 스스로 좋아서 하는 마음을 내적 동기라 하고 누군가로부터 보상받기 위한 마음은 외적 동기라 한다. 내적 동기가 있으면 그 일 자체가 좋아지고, 재미가 있으니 스스로 행동한다. 반면 내적 동기가 없으면 외부의 자극이 있어야만 움직인다. 아이에게 생각하는 힘이 생기면 공부하는 과정 자체가 좋아서 공부하고, 자연스럽게 쾌감과 성취감을 느낀다. 누가 시키지 않아도 스스로 공부하면 공부력이 더욱 향상되는 선순환이 이루어진다.

넷째, 생각하는 힘이 있으면 문제를 스스로 찾아서 해결한다. 사고력은 학교뿐만 아니라 학업을 마치고 사회에 진출해 일할 때도 생각하는 힘이 필요하다. 업무도 문제점을 찾아서 개선 방법을 강구하는 과정으로, 순서를 정해 하나씩 해결해나가야만 성과를 거둔다. 이때 수동적으로 움직여서는 안 되며, 문제를 해결할 방법을 스스로 생각해내야 한다. 그러려면 상황을 관찰하고 분석할 줄 알아야 한다. 이렇게 생각하는 힘을 갖추면 어떤 시대에도 살아남을 인재가 될 수 있다.

엄마의 대화법이 아이의 생각을 키운다

만 3세부터 12세까지는 아이의 생각하는 힘을 길러줄 수 있는 최적의 시기다. 만 12세까지 인간의 뇌는 흡수하는 능력이 가장 뛰어나므로, 많은 정보와 지식, 감정, 사건을 있는 그대로 흡수한다. 복잡하고도 많은 게임 속 캐릭터를 전부 외우는 초등학생이 많은데, 이런 일이 가능한 것은 그만큼 뇌가 쑥쑥 성장하고 있기 때문이다. 그러므로 이 시기에 부모가 자녀에게 생각하는 힘을 길러주면 아이들의 뇌는 스펀지처럼 흡수한다.

엄마와 아이가 차례대로 대화를 주고받는 것을 '핑퐁 대화' 혹은 '주고받기(Turn taking)'라고 한다. 대화는 탁구와 마찬가지로, 말을 주고받으면서 상대가 하는 말의 주제와 의도를 파악해야 한다. 게다가 부모와 질문과 대화를 나누며 아이는 언어 능력과 사고력, 창의력, 문제 해결력을 키울 수 있다. 이렇듯 대화의 시간이야말로 아이의 생각하는 힘을 기를 수 있는 좋은 기회다.

아이의 생각 근육을 키우는 방법으로 '하브루타 대화'가 있다. 히브리어로 '하브루타'는 '동반 의식, 우정'을 의미한다. 이 대화법은 질문은 있지만 정해진 답을 추구하지는 않는 것이다. 히브리 대학 엘리 홀저 교수는 하브루타 대화법이 상대방의 의견을 존중하는 것을 기본으로 한다고 말한다. 이는 곧 이기기 위해 하는 말싸움이 아니라 상대방을 설득하는 토론이다. 즉, 서로의 성장을 목표로 한다.

하브루타 대화법의 중심은 '질문'이며, 질문의 바탕은 '경청'이다. 그러므로 상대방이 무엇을 말하는지 정확하게 듣고 파악해야 한다. 상대방의 의견을 듣고 상호작용하기 때문에 생각의 폭이 넓어지며, 더 넓은 시야로 주제를 바라보는 눈을 키울 수 있다.

영국 얼스터 대학교 리처드 린 교수는 세계 185개국의 평균 지능 지수를 연구했는데, 이스라엘의 평균 IQ는 94점으로 세계 45위였다. 한국은 평균 IQ가 106점으로 유대인보다 훨씬 높다. 그런데도 유대인들이 더 뛰어난 성과를 이뤄내는 이유를 많은 전문가들은 하브루타로 꼽는다. 하브루타 교육을 통해 지혜로운 사고력과 창의력을 키우기 때문이다. 유대인 부모들은 아이와 밥을 먹거나 잠자리에서 그날 읽은 책과 배운 내용, 일상 이야기 등을 자유롭게 질문하고 대화한다. 이런 하브루타 대화법으로 유대인들은 세계 1% 인재가 되는 것이다.

아이와의 사고력 대화를 위한 4가지 방법

첫째, 아이의 말을 경청한다. 그리고 "그렇구나. 너는 그렇게 생각하는구나"라며 고개를 끄덕이거나 인정하는 추임새를 넣는다. 또한 아이와 대화할 때는 오롯이 아이에게 집중한다. 아이와의 대화에서 실수하기 쉬운 것 중 하나가 손으로 핸드폰을 만지작거리거나 아이의 말을 흘려듣는 것이다. 아이들은 엄마가 귀를 기울이는지 아닌지, 바로 안다. 말을 못 하는 아이들조차 엄마가 자기에게 집중하고 있는지 곧바로 알아챈다. 아이는 엄마가 자신에게 집중해주기를 원한다. 진심으로 대화에 응할수록 아이들은 유쾌한 수다쟁이가 된다.

둘째, 아이에게 질문할 때는 육하원칙을 이용해 묻는다. 정확하고 구체적인 질문을 던져 답하게 하면 일상생활에서 생각할 기회가 늘어나고, 그 과정을 통해 생각하는 행위를 부담으로 느끼지 않게 된다.

누가, 언제, 어디에서, 무엇을, 어떻게, 왜

왜 공부 안 해?	→	지금 공부를 하지 않는 이유가 뭐야?
여기에 가방 둬.	→	책가방을 어디에 놓으면 좋을까?
얼른 씻어.	→	다음엔 누가 씻을까?
빨리 학원 가.	→	오늘 학원에 어떻게 갈래?
숙제 할 거야?	→	숙제는 언제 할 거야?
숙제 끝났으면 쉬어.	→	숙제 끝나고 뭐 할 거야?

셋째, 아이에게 열린 질문을 한다. 생각하는 힘을 키우기 위해서는 엄마의 질문력이 필요하다. 아이가 부모 말에 수동적으로 따르는 것과 스스로 행동하는 데는 큰 차이가 있다. 그러므로 아이에게 열린 질문을 던져서 능동적으로 움직이게 한다.

인간은 누구나 명령받는 것을 싫어한다. 명령은 시켜서 억지로 하는 행동이기 때문이다. 그러므로 아이에게 질문을 던져 말하면 아이를 스스로 움직이게 한다.

일상생활에서 생각하는 힘을 길러주는 방법

오늘은 어떤 공부를 했니?
왜 밑변을 곱해야 할까?
왜 이렇게 대답했는지 가르쳐줄래?
글쎄, 왜 이렇게 부풀었을까?
그래, 그렇게 생각한 이유가 뭐야?

넷째, 아이가 계획을 세우게 한다. 계획은 생각하는 힘을 키운다. 계획을 세우려면 '이 일을 언제까지 끝내려면 우선 ~을 하고 ~을 해야 한다. 그러면 ~을 먼저 해야 한다'와 같은 식으로 이리저리 머리를 굴려야 한다. 그 과정에서 생각하는 힘이 길러진다. 아이가 계획을 세워 목표를 가지고 공부하면 학습력이 향상된다. 성적까지 오르면 기분이 좋아지고, 더욱 꼼꼼하게 계획하고 실행하면서 좋은 습관을 길러진다. 그러므로 아이가 스스로 계획할 수 있도록 부모가 신경 쓴다.

사고력은 아이 성공의 필수 요인

아무 생각 없이 보내는 삶과 생각하며 노력하는 삶은 그 결과가 다르다. 하루를 되는대로 보내는 아이와 분명한 목적의식을 가지고 보내는 아이는 10년 후의 삶이 달라질 것이다. 아이들은 무엇이든 스펀지처럼 흡수하므로, 부모가 아이를 잘 이끌어주어야 한다. 그러므로 아이가 생각하는 힘이 자라도록 돕는 말하기 법을 엄마가 배워야 한다.

생각하는 힘이 유익한 5가지 이유

아이가 공부하는 것을 좋아하게 된다.

성적이 올라간다.

지식의 폭이 넓어진다.

시간을 효율적으로 쓰게 된다.

스스로 문제를 찾아서 해결하게 된다.

아이를 깊이 생각하게 하는 엄마의 말

불 조절은 어떻게 했어?

여기에서 소리는 안 났어?

이건 언제 할 거야?

지금 공부를 하지 않는 이유는 뭐야?

이건 어디에 놓으면 좋을까?

다음엔 누가 씻을까?

오늘 요리 맛은 어때?

아이의 성장을 가로막는 엄마의 말

아이가 준비물을 놓고 갔네. 갖다줘야지.

100점 맞으면 1만 원 줄게.

넌 커서 의사 돼라. 연봉이 높아.

시키는 대로 하면 돼.

하브루타의 15가지 대화 방법

1. 아이가 생각하여 대답할 수 있는 질문 많이 하기
2. 틀린 답을 하더라도 스스로 생각하여 답을 찾아낼 수 있도록 하기
3. 아이가 질문에 대한 내용을 공부할 수 있는 시간을 주기
4. 아이가 스스로 판단하고 행동하도록 하기
5. 하브루타의 목적이 아이의 사고력과 비판력의 눈을 갖게 하는 것임을 잊지 않기
6. 항상 아이와 눈을 마주 보고, 아이의 이야기를 막거나 끊지 않기
7. 칭찬할 때는 막연하지 않게 구체적으로 칭찬하기
8. 자신만의 해답을 찾도록 독려해주기
9. 책이나 자료를 통해 정확한 정보를 찾도록 하기
10. 하나의 지식을 깊게 하브루타 토론하기
11. 아이의 관점에서 쉬운 용어로 풀어 설명하고 질문하기
12. 시간을 정하여 정기적으로 진행하기
13. 잠들기 전 하브루타 방식으로 대화하는 시간 갖기
14. 대화의 쟁점을 놓치지 않도록 잘 이끌어주기
15. 아이의 생각을 존중하되, 꼭 가르쳐야 하는 원칙이나 가치관은 분명하게 인지시켜주기

2장

아이의 인생을 변화시키는 엄마의 말투 II

일관성 있게 말한다

부모라면 반드시 지켜야 할 것 중의 하나가 일관성 있는 양육 태도다. 일관성은 일정한 규칙이나 패턴이 한결같다는 의미다. 어느 때는 아이에게 화를 내고 무시하고, 어떤 날은 지나치게 뽀뽀하고 껴안는 등, 완전히 다르게 행동하는 부모가 있다. 부모가 기분에 따라 이랬다 저랬다하는 모습은 아이에게 혼란을 일으킨다. 그러나 부모가 아이와 함께 원칙을 실천하는 모습을 보면 아이는 정서적 안정감을 느낀다. 이렇게 일관성을 지키려면 부모가 자신의 스트레스를 잘 관리해야 한다.

부모의 일관성과 아이의 불안정 애착

부모는 늘 편안한 마음으로 자녀를 대해야 한다. 아이의 잘못된 행동에도 지나치게 감정적으로 대응하지 않도록 자제한다. 그러려면 부모 스스로 감정을 통제할 수 있어야 한다. 일관성 있는 부모의 행동과 말투는 아이에게 신뢰감을 주지만, 그렇지 않으면 아이는 불안정 애착을 형성한다. 엄마와 충분한 애착과 신뢰 관계가 형성되지 않으면 아이는 분리 불안에 시달리며 부모와 떨어지는 것을 심하게 불안해한다. 또한 자신감이 없거나 위축된 모습을 보이고 대인 관계도 원만하지 못하다.

제2차 세계대전 직후, 건강했던 갓난아기들이 보육원에서 91명 중 무려 35명이 사망하는 사건이 일어났다. 정신과 전문의인 르네 스피츠 박사는 이 죽음에 의문을 가지고 조사했다. 처음에는 부모와 헤어지고도 아기들은 표정이 밝았다. 보모와 눈을 잘 맞추고 잘 웃고 식사도 잘했다. 그런 아기들도 4개월이 지나면서 보모와 눈을 맞추지 않고 정상적인 정서와 감정 반응을 보이지 않았다고 한다. 아기들의 표정은 멍하고 눈에 초점이 없었다.

스피츠 박사의 연구 결과로 놀라운 사실이 밝혀졌다. 시설 아동의 영아 사망률이 이유 없이 높았던 것이었다. 시설에서는 한 보모가 12명 이상을 돌보아야 하므로, 가정처럼 제대로 돌봄을 받기 힘들다. 이렇듯 부모의 스킨십을 많이 받으면서 자란 아이의 영아 사망률이 보육원보다 낮았다. 따라서 정서적인 돌봄과 어머니와의 애착 관계가 아이의 사망률과 매우 큰 연관이 있음을 보여준다.

애착 관계는 신체뿐만 아니라 정서 발달에도 영향을 미친다. 부모와 친밀한 관계가 형성되지 않아 타인과의 접촉을 거부하는 상태를 반응성 애착 장애라고 하는데, 성장이 지연된 상태다. 대표적인 증상은 자연스러운 움직임이 없고, 웃지 않고 표정이 멍하며, 자극에 대한 반응도 느리다. 식욕이 떨어져서 영양 상태도 좋지 못하다. 이런 아이들도 '캥거루 프로그램'을 경험하면 변화가 생긴다. 캥거루 프로그램은 새끼를 배 주머니에 넣고 키우는 캥거루처럼 아이와 양육자가 최대한 밀착하는 육아 방법을 말한다. 이는 아이의 정서 안정과 발달에 도움을 주기 때문에, 공격적인 아이, 사회성이 부족한 아이에게 정서적인 편안함을 준다고 한다. 캥거루 프로그램은 하루에 30분씩 부모가 아이에게 마사지해주며 이야기를 나누는 것인데, 일주일만 꾸준히 해도 아이의 공격성과 적대감이 눈에 띄게 줄어든다.

부모의 일관성 있는 태도가 중요한 이유

러시아 심리학자인 파블로프의 실험은 유명하다. 개에게 먹이를 줄 때마다 작은 종을 울렸다. 그러다 어느 날은 먹이도 주지 않고 종만 울렸는데, 개는 종소리를 듣자 주인이 먹이를 주는 줄 알고 침을 흘렸다. 한편, 일정한 같은 자극에 반응하도록 훈련받은 개에게 신호에 혼란을 주면 이상 반응을 보이며, 신경증 상태에 빠질 수 있다. 종이 울리고도 어느 때는 먹이가 나오고 어느 때는 나오지 않으면, 개는 어떻게 행동해야 좋을지 알 수 없어서 혼란에 빠진다.

아이의 양육도 마찬가지다. 부모가 아이에게 일관성 있게 행동해야 하는 데는 이유가 있다. 첫째, 일관성 있는 부모의 말과 행동은 아이에게 정서적 안정감을 준다. 일관된 행동은 어떻게 행동해야 하는지 아이가 스스로 예측하고 안정감을 느끼게 해준다. 부모가 항상 일관된 규칙을 적용하고 일관된 지침을 제공하면, 아이들은 상황을 더 쉽게 예측하고 이에 따른다. 그 과정에서 아이는 자신감과 안정감이 증진된다. '한 번쯤은 괜찮겠지? 애가 뭘 알겠어?'라며 일관성을 내려놓는 순간, 부모는 위반자가 된다.

부모도 감정의 동물이라 때론 원칙을 저버리고 싶을 때가 있다. 그러나 일관성이 없는 부모의 양육 태도는 아이가 부모를 이길 수 있다고 생각하게 만든다. 부모에게 대들고 버릇없는 행동을 해도 통할 듯이 느끼는 것이다. 아이는 일관성 없는 부모를 심리적으로 자기 아래에 두고 보며, 부모의 가치관과 규칙이 전달되지 못하므로 올바른 행동의 기준을 습득하지 못한다. 그러면 아이는 도덕적으로 발달하고 적절한 사회적 행동을 배울 수 없다. 부모가 자녀 양육에 대한 소신이나 원칙이 없으면 아이들이 가장 큰 피해를 입는다.

둘째, 일관성 있는 부모의 말과 행동이 부모와 자녀 간의 신뢰 관계를 형성한다. 일관성은 아이가 부모의 말을 신뢰하게 하고 부모를 잘 따를 가능성을 높여준다. 신뢰 관계가 쌓여야 부모와 아이의 의사소통과 상호작용이 원활해진다. 약속은 중요하니 지키라고 아이에게 가르치면서 정작 부모는 아이와 한 약속을 지키지 않는다면 아이들의 마음은 어떨까? 실제로 학생에게서 "선생님, 우리 엄마는 거짓말쟁이예요. 생일 선물로 사준다고 해놓고 일주일만 더 기다리래요. 크리스마스 선물로 사주겠대요. 이제 엄마 말은 믿지 못하겠어요"라고 하는 말을 들은 적이 있다.

게다가 아이에게 불안이 잠재해 있으면 공부에 대한 집중력도 약해진다. 뇌가 균형 잡힌 상태가 되지 못하기 때문이다. 공부에 쏟아야 할 에너지가 다른 곳에 빼앗긴다. 학생은 공부에서 뒤처지면 자신감을 잃고 심리적으로 위축되는 악순환이 되풀이된다. 그러므로 부모가 일관성 있는 행동과 말투로 자녀에게 편안한 사람, 항상 신뢰를 주는 대상이 되어야 한다.

부모의 일관성 있는 대화 예시

다양한 측면의 지침과 가치를 아이에게 제대로 전달하려면 부모가 일관성 있는 말투로 말할 필요가 있다. 이런 대화를 통해 아이는 부모의 지침을 이해하며 습득할 수 있다.

1) 규칙에 관한 일관성 있는 대화

부모: 지난번에 숙제 끝내기 전에는 게임을 하지 않기로 약속했지?

아이: 네, 그랬어요. 그럼 오늘 게임 시간은 언제예요?

부모: 숙제 끝나는 대로니까 오후 5시쯤이겠네. 숙제 다 하면 엄마에게 이야기해줘.

부모: 우리 밥은 식탁에서 먹기로 했지? 왜 식탁에서 음식을 먹어야 하는지 알고 있지?

아이: 네, 식탁에서 먹기로 했어요. 식탁에 가서 먹을게요.

2) 안전에 관한 일관성 있는 대화

부모: 길을 지날 때는 항상 교통 신호를 잘 지켜야 해.

아이: 왜 신호를 지켜야 하는 거예요?

부모: 신호를 지켜야 안전하게 길을 건널 수 있지. 사고가 나면 모두가 힘들잖아. 길을 건널 때는 어떻게 해야 하지?

아이: 신호등을 기다려야 하고, 좌우를 잘 살피고 건너야 해요.

부모: 수영할 때는 어떤 점에 주의해야 해?

아이: 수영할 때는 선생님과 함께 해야 하고, 깊은 곳에 혼자 가지 않아야 해요.

3) 건강에 관한 일관성 있는 대화

부모: 우리는 왜 다양한 음식을 먹어야 할까?

아이: 다양한 음식을 먹으면 영양소를 다양하게 섭취할 수 있어서 몸이 튼튼해져요.

부모: 올바른 영양 섭취가 소화에 도움이 되고 건강에도 좋으니까.

아이: 야채도 골고루 먹어야 한다고 했어요.

부모: 우리가 왜 운동을 해야 하지?

아이: 운동을 하면 몸이 강해져요. 살이 많이 찌는 것도 막아줘요. 건강해져요.

부모: 이번 달에는 줄넘기 100번을 하기로 했지?

아이: 얼른 하고 올게요.

엄마는 아이에게 규칙을 일관성 있게 알려준다

자녀에게 약속할 때는 지킬 수 있는 약속만 해야 한다. 그리고 일단 약속하면 반드시 지킨다. 이렇듯 아이에게 일관성 있는 태도를 보여야 아이는 부모를 신뢰한다. 부모의 일관성 있는 말투는 아이의 안정감, 가치 전달, 신뢰 관계 형성 등에 매우 중요하다. 일관성 있는 규칙과 예측 가능한 행동으로 부모와 아이의 상호작용을 효과적으로 할 수 있다. 그래야 아이는 안정감을 느끼고, 아이와의 의사소통에도 도움이 되며, 상호 이해와 존중을 촉진한다.

부모의 일관성을 보여줄 수 있는 말투

1. 너의 안전을 위해서 그렇게 하지 않는 것이 좋겠어.
2. 학교 친구들과의 관계도 소중한 시간이야.
3. 실수는 배우고 어떻게 개선할지 알아가는 과정이야.
4. 너의 노력을 보여줘서 정말 자랑스러워.
5. 우리 가족은 서로를 돕고 지지해야 해.
6. 엄마는 너의 생각을 소중히 생각해.
7. 다른 사람들에게 예의를 갖추는 것은 중요해.
8. 항상 최선을 다해 노력하는 것은 중요해.
9. 자신의 감정을 표현하는 것은 괜찮아. 가족 모두를 이해하고 지지할 거야.
10. 자기 자신을 사랑하고 존중하는 것은 중요해.
11. 잘못을 인정하고 사과하는 것은 큰 용기야.
12. 네가 가진 장점을 최대한 발휘해봐.
13. 목표를 정하고 계획을 세우는 것은 중요해.
14. 실패는 성공의 첫걸음이야. 계속해서 도전해봐.
15. 자신의 의견을 표현하는 것은 중요한 만큼 다른 사람의 의견도 존중해주어야 해.

아이에게 제대로 칭찬한다

칭찬은 아이의 자신감을 키워주는 좋은 영양분이다. 아이에게 의욕과 용기를 불어넣어주기 때문이다. 칭찬은 단순히 긍정적이고 좋은 말이 아니다. 잘못해도 무조건 잘한다고 말하는 것도 아니다.

물론 아이에게 칭찬할 거리가 없다는 부모들이 많다. 칭찬하면 좋다고 하니 그냥 듣기 좋은 말이나 해주자고 생각하기도 한다. 부모가 막연하고 두루뭉술하게 칭찬하는 말을 들으면 처음에는 아이들이 좋아할 수 있지만, 시간이 지나면 식상해진다. 부모도 계속 억지로 칭찬해주려니 제대로 된 칭찬이 나오지 않는다.

칭찬이 필요한 이유

칭찬은 아이에게 도전할 힘을 준다. 칭찬하고 격려해주면 아이는 실패해도 다시 도전하고, 사소한 성공도 뿌듯하게 여긴다. 작은 성공이라도 "잘했어", "이렇게 해냈네!" 하고 축하해주면, 아이는 부모의 응원과 지지를 받아 다음 모험을 준비한다. 칭찬은 아이에게 동기를 부여해주는 좋은 방법이다. 그러므로 부모의 칭찬은 아이의 삶에 큰 영향력을 끼친다.

아이의 도전을 격려하는 엄마의 말

(아이의 상태를 보며) 한 문제도 빠짐없이 다 적었네.
열심히 푸는 게 중요한 거야.

(결과와 상관없이 칭찬하며) 진짜 잘했다.

(아이의 행동을 관찰하며) 이 문제 풀 수 있었어? 대단한데?

(아이의 의도를 파악하며) 이렇게 하려고 했구나.

(도전의 다음 단계를 생각하며) 지난번 시험보다 많이 나아졌네.
실력이 늘었나 보다.

(목표 설정을 생각하며) 다음 단계도 아주 기대되네.
경험이 쌓였으니 훨씬 잘 해내겠어.

칭찬은 어미만 살짝 바뀌어도 듣는 입장으로서는 큰 차이가 생긴다. 이 차이를 이해하면 이전과는 완전히 다르게 칭찬하게 될 것이다. 부모에게는 아이를 칭찬해줘야겠다는 결심을 할 필요가 있다. 칭찬받아서 기쁜 아이의 얼굴을 떠올리고, 어떻게 격려할지 미리 생각해 둔다. '어떻게 말하면 좋을까?', '이 칭찬을 해주면 좋아하겠지?', '언제 칭찬할까?' 등 사소한 부분이라도 칭찬할 점을 찾는다. 이런 엄마의 말이 아이를 성장시킨다.

어미에 따른 칭찬의 의미 차이

열심히 해.	열심히 하고 있구나.	열심히 했구나.
• 명령형	• 현재진행형	• 과거형
• 반발심이 생김	• 부모를 신뢰하게 됨	• 부모를 신뢰하게 됨
• 부모가 지금은 열심히 하고있지 않는 것 같다고 생각한다고 느낌	• 부모가 노력을 인정하고 있다고 느낌	• 부모가 자신의 노력을 공감하고 있다고 자신을 응원해줬다고 생각하며 고마움을 느낌

칭찬의 방법

칭찬의 효과를 극대화하는 방법이 있다. 첫째, 즉시 칭찬한다. 사람은 누구나 칭찬받으면 그 행동을 더 강화하려는 속성이 있다. 강화란 행동의 빈도를 증가시키는 것을 말한다. 아이가 바람직한 행동을 했을 때 곧바로 칭찬해야 효과가 좋다. 예를 들어 아이가 부모의 심부름을 했는데 바로 칭찬해주지 않으면 아이는 맥이 빠진다. 며칠 지난 후에 "심부름 다녀오느라 수고했어"라고 말해봤자 소용이 없다. 그러니 칭찬의 순간을 놓쳐서는 안 된다.

아이가 심부름을 다녀왔을 때

칭찬이 늦으면 효과가 없다
아이: 앞으로는 엄마 심부름 안 할 거야. 고마움도 모르는 엄마네. 엄마는 날 못 믿나? 내가 뭘 또 잘못한 건가? 나는 쓸모없는 아이인가?

곧바로 칭찬해야 효과가 있다

엄마: (곧바로) 힘들었지? 네가 도와줘서 다른 일을 빨리 끝낼 수 있었어.
아이: 내가 하는 심부름이 엄마에게 도움이 되네. 내가 있어서 엄마가 덜 힘드시구나.
엄마가 날 믿어주는구나.

둘째, 노력을 칭찬한다. 칭찬할 때는 결과보다 아이의 노력에 중점을 둔다. 아이가 지난번에 이어 시험에서 100점을 받아 왔을 때, "늘 100점만 받아 오네"라고 칭찬하면 아이는 기분이 어떨까? 성적은 상황에 따라 오르락내리락할 수도 있기 때문에 많은 부담감을 느낄 것이다. "늘 100점을 받아 오는구나"가 아니라 "노력을 많이 했구나. 노력한 보람이 있네"라고 칭찬해야 한다. 그래야 아이도 노력의 가치와 보람을 깨닫는다. 아이의 노력을 칭찬해야 부모로부터 인정받는 느낌이 들어 더 열심히 공부하려 노력한다. 생각하는 힘도 자란다.

셋째, 구체적인 행동을 칭찬한다. 예를 들면 설거지한 아이에게 "수고했다"보다는 "그릇에 묻은 기름을 닦아내느라 애썼네"라고 칭찬하는 것이다. "잘했어!"라고 하기보다는 "혼자 스스로 아침에 일어나다니, 정말 잘했네!"라고 말해준다. 어른도 마찬가지다.

칭찬은 결코 특별한 경우에 하는 것이 아니다. 칭찬을 통해 스스로 장점을 자각하는 기회가 많아질수록 멋진 아이로 성장한다.

칭찬할 때의 주의점

첫째, 여러 번 반복하면 좋지 않다. 칭찬을 남발하다 보면 아이는 칭찬의 가치를 모른다. 칭찬받을 일에만 칭찬받는다는 사실을 아이가 인지할 필요가 있다. 그런데 칭찬을 남발하면 아이는 본인의 판단보다 엄마의 감정이나 평가에 의존하게 되어, 자신의 행동이 좋은 것인지 아닌지를 엄마의 기준으로 판단하므로 자립심이나 자발성이 발달할 수 없다.

둘째, 연령에 따라 좋은 칭찬이 다르다. 그러므로 아이가 성장함에 따라 칭찬 방식을 바꾸어야 한다. 무엇을 칭찬할지, 어느 정도까지 칭찬할지 등 칭찬의 대상과 수준을 높여가야 하기 때문이다. 그래야 연령에 맞게 내면의 성장을 이끌어줄 수 있다. 유아기 때는 놀이가 끝나고 곧바로 정리를 끝낸 아이에게 "바로 정리했어? 대단하네!"라고 칭찬해준다. 초등학교에 들어가면 주변 정리는 물론 숙제와 예습도 시켜야 한다. 사춘기 아이에게는 일단 하고 싶은 말을 잠시 미룬다. 아이의 설명을 차분히 들은 후에 그에 맞게 칭찬해주어야 한다. 아이를 하나의 인격체로 존중하는 것이 핵심이다.

셋째, 밑도 끝도 없는 칭찬은 오히려 독이다. 제대로 칭찬하려면 아이의 장점, 강점, 특징 등을 잘 파악해야 한다. '마음먹으면 끝까지 해낸다'든가, '마무리를 잘하려고 노력한다'는 등 아이의 성향을 먼저 파악하고 대화에 이런 내용을 잘 녹여내면 아이는 자신을 믿어주는 것에 고마워한다. 그런데 아이가 수긍할 수 없는 칭찬을 하면 부모가 자신을 조종하려 한다는 느낌을 받을 수 있다. 그러므로 아이도 칭찬받을 만하다고 생각하는 점을 칭찬해야 한다. 부모가 이런 노력을 기울여야 사춘기 아이와도 건설적인 대화를 나눌 수 있다.

넷째, 외모를 칭찬하는 데도 방법이 있다. 부모는 아이에게 외모 이외에도 중요한 가치가 많다는 사실을 일깨워줘야 한다. 외모 치장에 시간을 보내는 아이에게 부모는 아이의 외모와 내면을 모두 칭찬해야 한다. 어느 한쪽을 폄하하면 공감을 얻기 힘들다. 육아 전문가들은 외모와 내면의 칭찬 비율을 1 대 2로 하는 것이 좋다고 조언한다. 외모에 대해 한 번 칭찬하면 내면의 장점을 두 번 칭찬해야 하는 식이다. 아이가 내면의 가치를 더 중요하게 여기도록 하기 위해서다. 물론 1 대 3이어도 괜찮다. 부모 나름의 원칙을 미리 확정해서 외모와 내면을 조절해서 칭찬한다.

엄마의 칭찬은 힘이 세다

나이토 요시히토는《칭찬 심리학》에서 남을 설득하고 싶다면 우선 칭찬하라고 했다. 타인을 설득하고 싶다는 것은 자신의 의지대로 상대를 이끌고 싶다는 의미다. 설득의 방법으로 칭찬을 도구로 사용할 수 있다. 어떻게 칭찬해야 할지 모를 때는 아이 말에 집중하고 공감해주기만 해도 된다. 아이가 하는 말에 집중해서 들으면 말에 깃들어 있는 기특함이 보이므로, 그 포인트를 놓치지 않는다. 그리고 "어쩌면 이렇게 기특하니? 말을 재미있게 잘하네"라고 칭찬해주면 된다.

마찬가지로 칭찬을 통해 아이를 기분 좋게 만들면 공부 시간이 점점 늘어나고, 아이 스스로 집중해서 공부하는 날이 온다.

엄마의 단계별 칭찬 대화법

1. 아이가 즐기는 놀이를 적어본다.
2. 아이가 가장 신나고 행복할 때는 언제인지 기록해본다.
3. 아이가 잘하는 것과 못하는 것, 그와 관련된 직업을 적어본다.

④ 아이가 좋아하고 잘하는 것과 연결해서 말하는 습관을 들여본다.

⑤ 아이가 지금은 완벽하지 않더라도 더욱 나아질 가능성을 언급하며 칭찬한다.

⑥ 일의 의미와 가치에 대해 이야기를 나눈다. 긍정적 태도로 이끄는 데 큰 도움이 된다.

제대로 된 방법으로 아이의 말에 귀를 기울인다

부모는 일상이 늘 바쁘기 때문에 아이가 하는 말에 귀를 기울이기가 어려울 수 있다. 너무 바빠서 당장 이야기를 들어줄 수 없는 경우도 많다. 그때는 아이에게 지금은 상황이 안 되지만 정말 듣고 싶다고 미리 말해둔다. 아이의 이야기는 신경 써서 듣지 않으면 흘려듣기 쉽다.

무심코 한 부모의 행동에 아이는 상처받는다. 그러므로 부모는 아무리 바빠도 아이와 의사소통할 방법을 궁리할 필요가 있다.

경청의 효과

미국 웨슬리 대학교의 심리학자 크리스 클라인크 박사는 사람의 발언량을 33%, 50%, 67%로 조작한 비디오를 실험 참가자들에게 보여주고 사람의 발언량과 매력도의 관계를 조사했다. 그 결과, 발언량이 33%인 경우 가장 높은 매력 점수를 얻었다. 말이 너무 많은 사람을 덜 매력적으로 느낀다는 것이다. 그러므로 자신은 30%만 말하고 나머지 70%를 상대방이 말하도록 기회를 주었을 때 호감도가 가장 높은데, 이를 '3 대 7의 법칙'이라고 한다.

부모와 아이의 관계도 마찬가지여서 대화의 70%를 아이에게 맡긴다. 아이가 엄마와의 대화를 좋아하게 만들기 위해서다. 부모가 자신의 이야기에 늘 귀 기울여 들어주는 즐거움을 맛본 아이는 남의 말을 듣는 자세가 다르다. 경청이 상대에게 기쁨을 주는 행위라는 사실을 경험으로 알기 때문이다. 또한 아이의 의사소통 능력에도 영향을 미치므로 말하기 능력도 자연스레 향상된다. 반면 자신의 이야기에 귀 기울여 들어주는 사람이 없는 환경에서 자란 아이는 다른 사람이 하는 이야기를 잘 들으려 하지 않는다. 이는 대화 상대에게 나쁜 인상을 줄 수 있다. 의사소통이 원활해지지 못하는 원인이 된다.

부모는 아이의 말을 끊지 않고 경청하면 아이가 스스로 문제를 파악할 수 있다. 부모가 섣불리 결론을 내리지 말고 끝까지 듣는 것이 좋다. 아이의 말에 최선을 다해 경청해야 문제의 원인을 파악하고, 부모가 개입할지 여부와 해결 방법까지 모색할 수 있다. "안심해. 엄마가 들어줄게"라며 불안한 아이의 마음을 진정시켜야 아이는 엄마에게 안심하고 말할 수 있다. 엄마의 따뜻함이 강력한 힘을 발휘하면 아이의 안전기지가 되어줄 것이다.

경청하면서 엄마의 스킨십이 더해지면 좋다. 아이의 손을 다정하게 잡아주거나, 머리를 쓰다듬어주는 것도 좋다. 아이의 이야기를 듣다 보면 부아가 치밀 때도 있다. 그때 다그치거나 비난하면 안 들어주느니만 못하다. 아이에게 도움을 주거나 공감해주고, "어떻게 하면 좋겠니?"라고 묻고 엄마의 생각을 제안해줘도 좋다. 이렇게 하면 아이와의 대화가 이어질 것이다. 이렇듯 경청은 문제를 파악하고 해결 방법을 알게 하는 마법이다.

경청을 잘하기 위해서는

아이가 부모와 대화하기 싫어하는 데는 원인이 있다. 부모가 아이가 싫어하는 방식으로 대화하려고 하기 때문이다. 명령, 훈계, 재촉, 충고 등으로 부모의 잣대를 아이에게 들이대기도 한다. 깊이 있는 대화는 잘 들어주는 데서 시작된다. 같은 말을 들어도 존경하고 따르고 싶은 선배가 말하면 왠지 더 수긍하기 쉽고 다른 이야기도 더 듣고 싶어진다.

부모와 아이의 사이도 마찬가지다. 관계가 돈독하고 믿음이 굳건하면 반복해서 길게 말할 필요가 없다. 아이 스스로가 '엄마와 한 약속을 지키고 싶다'는 생각이 들기 때문이다. 잔소리할 필요도, 화를 낼 필요도 없어진다. 이런 관계는 하루아침에 형성되지 않는다. 부모가 노력해서 신뢰와 애정을 쌓아야 한다. 아이가 '부모가 내 말을 늘 경청하고 있다'는 믿음을 가지면 대화의 풍경이 달라진다. 한편, 대화를 할 때 부모의 말과 표정이 중요하다. 아이에게 자신의 감정이 이해받는다는 느낌을 주어야 한다. 부모는 자신도 모르게 속상한 감정에 휘둘려서 아이를 다그칠 수도 있다. 아이는 아직 자신의 감정을 재빨리 파악해서 처리하기 힘들다. 자신의 감정을 파악하고 처리하는 법을 배워가는 단계라, 엄마의 질문에 일목요연하게 답하기 어렵다. 그러므로 신중하고 천천히 아이에게 왜 그런지 물어야 한다. 아이는 이런저런 상황에 부딪히며 다양한 감정을 인식하고 처리하는 방법을 알아가는 과정에 있기 때문에, 어른보다 더 감정적으로 대응한다.

따라서 부모가 아이의 말과 감정을 정리해주면 좋다. 감정이 격해진 상태에서 누군가가 그 마음을 정리해주면 자신의 감정을 정확히 인지할 수 있다. 이렇게 아이의 말과 감정을 정리해주면 아이가 자신의 생각을 정확히 읽는 데 도움이 된다. 이때 부모는 자신의 생각을 섞어서 말하지 않는다. 단순하게 아이의 말과 감정을 중계해주면 된다. 아이와 함께 생각해보자고 제안하면 좋다.

모든 아이는 인정받기를 바란다. 자신의 감정에 대해 좋든 나쁘든 일관되게 반응해주는 부모가 필요하다. 아이가 웃고 즐거울 때는 부모의 위로와 격려가 절실하지 않지만, 부정적인 감정에 휩싸여 있을 때는 든든한 내 편이 절실해진다. "엄마한테 무슨 말이든지 해"라고 말만 할 것이 아니라 눈빛도 그래야 한다. 아이가 입을 열지 않는 것은 아이 탓이 아니라 부모 탓이다. "들을 준비 됐다니까!"라며 아이를 다그쳐봤자 겉과 속이 다른 것이다. 그보다는 말할 준비가 안 된 아이의 마음을 알아주는 것이 먼저다. 아이가 묵묵부답이라면 "언제든 이야기하렴. 엄마가 들어줄게"라고 말한다. 진심 어린 경청에는 입을 열게 하는 힘이 있다.

경청의 마법

아이의 말을 잘 들어주기만 해도 의외로 많은 문제가 해결된다. 형제자매가 싸울 때 누가 잘못했는지 엄마가 판결하지 않고 아이들의 말을 끝까지 들어주기만 해도 아이들은 쉽게 화해한다. 아이가 엄마한테 한마디도 지지 않으려고 할 때, "그렇구나. 네가 하고 싶은 말은

다 해보렴" 하는 자세로 들어주다 보면 아이는 이내 먼저 사과한다. 학교에서 문제가 발생했을 때도 아이의 말을 잘 들어주면 "내가 스스로 한번 해결해볼게. 그래도 안 되면 그때는 엄마가 좀 도와줘"라며 당당하게 자신을 지켜낼 방법을 찾을 것이다.

경청하는 부모 앞에서 말하는 동안 억울함, 속상함, 분함 같은 감정이 풀어지면서 엉켜 있던 문제가 정리된다. 깜짝 놀랄 만큼 지혜로운 생각이 떠오르기도 한다. 그러므로 부모는 아이의 문제에 즉각 개입해야 한다고 생각할 필요가 없다.

아이의 이야기에 귀 기울이는 대화

아이:	엄마 오늘 현진이랑 싸웠어.
엄마:	저런, 어쩌다 그랬어?
아이:	오늘 축구할 때 현진이 눈에는 내가 잘난 척하는 것처럼 보였나 봐.
엄마:	그래? 무슨 일이 있었는데?
(미주알고주알 대화 지속)	

이야기가 진행될수록 아이는 억울함을 실컷 토해내면 스스로 화가 어느 정도 풀려 목소리도 점점 안정될 것이다. 이쯤 되면 아이는 명쾌하게 결론을 내릴 수 있을 것이다. 이렇듯 아이의 입을 여는 것이 진짜 경청이다.

부모도 부정적인 감정에 휘말리지 않도록 평소부터 노력한다. 화가 나서 씩씩거리는 아이에게 "그래서 화가 많이 났구나. 속상했을 텐데 잘 참았네"라고 말할 수 있도록 연습한다. 그리고 부모가 먼저 나서서 이야기하도록 할 게 아니라, 아이가 도움을 요청하면 그때 진지하게 고민한다. 부모가 나서서 알아서 해결해주면 아이가 처한 모든 상황에 아이 대신 인생을 살아주는 셈이나 마찬가지다. 아이의 역경 지수를 낮추는 것은 경청의 목적이 아니다. 그러므로 간단하게 해결할 방법이 떠오르더라도 꾹 참고 듣는다.

당장 아이의 말을 들어줄 만한 상황이 아니라면 나중에 듣겠다는 약속을 해둔다. 그러면 아이는 실망하지 않고 기다릴 수 있다. 그리고 잊지 말고 기억해서 아이에게 확실히 전달될 수 있도록 한다. 부모와 실컷 이야기를 나눴던 시간은 어린 시절의 행복한 추억으로 남아 단순한 기억을 넘어서 부모의 따뜻한 사랑으로 기억된다.

아이의 이야기를 당장 듣지 못하는 경우

이것만 치우고 나서 들을 테니까 조금만 기다려줄래?
이따 목욕할 때 차근차근 들려주렴.
9시까지 이 서류 작성만 끝내고 들을게.
30분만 기다려줄래?

부모의 경청은 아이의 안전지대

부모가 잘 들어주면 아이는 말하는 것을 즐겁다고 느끼고, 어떤 상황에서든 자연스럽게 소통하는 방법을 배운다. 그런 과정을 거치면 문제 해결을 위한 협상 능력을 익힐 수 있다. 그런데 부모가 들어주지 않으면 아이는 자신이 원하는 대로 되지 않는 불만을 폭력을 통해서

나 감정적으로 표현한다. 아이는 부모로부터 사리를 분별할 수 있는 능력과 판단의 기준 등을 배워나간다. 이렇듯 부모가 아이의 말을 들어주는 일은 정말 중요하다. 평상시에 아이의 말을 잘 들어주는 습관을 갖도록 노력한다.

현명한 경청의 대화법

1) 에코익(Echoic) 대화법(아이가 했던 말을 다시 들려주며 아이의 감정을 받아주는 대화법)

예시 1

아이: 엄마, 비행기가 날아가.

엄마: 우와, 비행기가 날아가는구나.

예시 2

아이: 아, 학원 가기 싫어. 짜증나려고 해.

엄마: 왜 짜증이래? 언제 가고 싶었던 적이 있었어?(×) → 아이의 감정을 뒤트는 화법

학원 가기 싫어서 짜증이 나는구나.(O) → 아이의 감정을 받아주는 화법

2) 감정 코치형 대화법(아이가 하는 말과 아이의 속마음을 구별하는 감정 코치형 대화법)

아이: 엄마, 나 지수랑 안 놀아.

(아이의 속마음: '엄마, 나 지수 때문에 속상해. 안 놀고 싶지만 걔가 싫다는 뜻은 아니야.')

엄마: 지수 때문에 속상했구나. 그럼 어떻게 하면 좋을까?

(엄마의 속마음: '속상해? 그럼 걔랑 놀지 마. 서로 안 맞는데 왜 자꾸 놀면서 그러니?'라고 말하고 싶지만 그렇게 하지 않는다. 말 안 하는 것도 대화법이다.)

아이의 마음을 여는 경청의 말

그래?

오~.

맞아!

그렇지!

옳거니!

정말?

진짜?

와! 그래서?

저런, 아뿔사!

정말 재미다!

우와, 내 이야기 같아.

아이의 사고력을 높여주는 경청의 말

네가 하고 싶은 이야기 있으면 해봐.

엄마는 네 이야기를 더 듣고 싶어.

그래서 어떻게 된 거야?

이거 어떻게 생각해?

그 친구가 뭐라고 했어?

아이를 믿어주고 지켜보는 말을 한다

부모의 믿음과 신뢰에는 큰 힘이 있다. 아이가 아무리 말썽을 피워도 부모가 믿어주고 지켜보면 아이는 변한다. 아이를 변화시키는 데는 부모의 믿음과 신뢰가 필수다. 아이를 한 인간으로 존중하면 부모와 아이의 관계는 크게 달라져서, 아이는 스스로 생각하고 행동하게 된다. 또한 결정을 내리는 과정에서 자신의 책임을 의식한다. 그러므로 부모가 아이를 믿는 것은 아이가 변화하는 시작이다.

플라세보 효과

한국계 데니스 황은 구글의 초창기 멤버로, '포켓몬 고'의 총괄 디자이너이기도 하다. 〈중앙일보〉 2016년 11월 19일 자 인터뷰에서 그는 "누구든 좋아하는 분야를 꾸준히 하면 즐거운 나만의 길을 찾아낼 수 있다"라면서, 이런 삶의 태도를 갖게 된 데는 부모님의 전폭적인 지지가 있었기 때문이라고 말했다. 학교에서 공부는 하지 않고 그림만 그려도 부모님은 혼내지 않았다고 한다. 그래서 "이 자리까지 올 수 있었던 건 부모님 덕분"이라며 부모님에게 고마움을 표했다. 자신의 선택을 가로막은 적이 단 한 번도 없었기에 압박감 없이 재미있게 공부했다고 이야기했다.

'플라세보 효과'라는 말이 있다. 플라세보는 '기쁨을 주다, 즐겁게 하다'라는 뜻의 라틴어에서 유래한 말로, 의사가 환자에게 효과 없는 가짜 약 혹은 치료법을 제안하여 환자의 심리적 요인에 의해 병세가 호전되는 현상이다. 위약(僞藥) 효과, 가짜 약 효과라고도 한다. 환자가 병을 고치고 싶은 믿음이 실제로 병이 낫는 결과를 가져오는 것이다. 플라세보 효과의 유효성이 검증되면서 이 효과의 적용을 위한 연구가 다양한 분야에서 이루어지고 있다.

해리 포터 시리즈 중에 《해리 포터와 혼혈 왕자》에서 빗자루를 타고 경기하는 '퀴디치' 경기를 앞둔 장면이 있다. 해리는 긴장하는 론에게 물약 하나를 건네며, 무슨 일이든 성공할 수 있도록 돕는 행운의 물약이라고 했다. 론은 행운의 물약 덕분에 모든 일이 잘될 거라고 확신했고 경기에서 능력을 최대치로 발휘하여 최고의 성과를 거뒀다. 그런데 사실 그 물약은 아무런 약효가 없었다. 이것이 플라세보 효과의 예라고 할 수 있다.

이와 마찬가지로, 부모가 아이를 적극적으로 믿어주면 아이의 잠재력이 폭발할 수 있다. 아이가 잘하는 모습을 상상하기가 어렵다는 학부모들이 많은데, 행복한 아이의 미래부터 상상해본다. 이 연습을 계속하다 보면 아이가 멋지게 해내는 모습도 상상하기 쉬워진다. 아이가 공부한 뒤 뿌듯해하는 모습을 구체적으로 그려보거나, 대학생이 되어 공부와 동아리 활동에 매진하는 모습도 상상해본다. 상상한 대로 되지 않으면 실망하지 않을까 걱정할 수도 있지만, 거듭해서 상상하는 것은 아이를 믿기에 가능한 일이다. 앞으로 나아질 아이의 모습을 상상할 수 있는 사람은 오직 부모뿐이다.

아이와 믿음과 신뢰를 쌓는 법

부모가 아이와 믿음과 신뢰를 쌓기 위해서는 대화가 필요하다. 그리고 아이의 마음에 관심을 가지고 귀를 기울여야 한다. 경청은 효과적인 커뮤니케이션 기법으로 대화의 문을 열어야 아이의 말문도 열 수 있다. 평상시 부모와 대화를 많이 나누면 문제 상황이 닥쳐도 서슴없이 부모와 상의하며 개선해나갈 수 있다. 그러려면 부모는 아이와 믿음과 신뢰를 쌓기 위해 다음의 방법을 실천해야 한다.

첫째, 아이와 라포(rapport)를 형성해야 한다. 라포는 프랑스어로 '다리를 놓다'라는 의미로, 상대방과 형성되는 친밀감 또는 신뢰 관계를 말한다. 부모와 아이 사이에서는 신뢰를 바탕으로 한 안정된 애착 관계를 라포를 형성했다고 말한다. 심리학 연구에서는 생후 2년까지 부모의 반응이 일관적이지 못하거나 반응이 없으면 영아의 공격성이 증가된다고 한다. 아이가 울 때 부모가 일관되고 민감한 반응을 보이면 영아의 애착 형성에 긍정적인 영향을 주는 것으로 나타났다.

라포가 잘 형성되려면 아이에게 따뜻한 미소를 지어야 한다. 무표정하게 대하거나 인상을 쓰면 아이의 말문이 닫혀버린다. 대화는 다음의 내용을 주제로 가볍게 시작하면 좋다.

아이의 근황 물어보기

공부의 근황 물어보기

취미나 기분 전환 방법 물어보기

아이가 최근 어디에서 힘을 얻는지 물어보기

자세를 비롯하여 표정이나 말의 빠르기 등을 아이와 비슷하게 한다. 인정과 칭찬도 라포 형성에 좋다. 아이의 이야기에 경청하면서 인정과 칭찬, 지지와 격려를 보낸다.

둘째, 아이와 안정된 애착 관계를 형성해야 한다. 부모와의 관계에서 경험한 애착의 정도에 따라 아이에게도 같은 정도의 애착 경험을 제공할 가능성이 크다. 불안정한 애착을 경험했던 엄마는 아이에게 불안정한 애착을 그대로 물려줄 가능성이 높다. 물론 부모와 안정된 애착 관계를 경험하지 못했더라도 그것을 인지하면 안정된 애착 형성이 가능하다.

안정된 애착을 형성한 아이들이 보이는 가장 큰 특징은 자유로운 감정 표현이다. 부모가 자신을 사랑한다는 믿음이 있기 때문에 자기 표현에 움츠러들지 않는다. 반면 애착이 불안정한 아이들은 슬픔이나 분노를 강하게 드러내거나 아예 드러내지 않기도 한다. 그러므로 부모가 늘 옆에서 안정되고 일관된 모습으로 함께하고 있음을 느끼게 해주어야 아이의 마음 문을 열 수 있다.

셋째, 아이에게 과도한 기대를 하지 않는다. 부모가 아이와 싸우는 가장 큰 이유는 과도한 기대 때문이다. 부모는 아이를 바꾸려고 하는데, 이는 아이에게는 공격으로 느껴질 수 있다. 변화는 아이 안에서 이뤄져야만 의미가 있으며, 아이가 스스로 변화하려 할 때만 가능하다. 변화하여 잘하고자 하는 아이의 욕구를 굳건히 믿어주면 된다.

가족 치료의 창시자인 버지니아 사티어는 "가정은 사람을 만드는 공장"이라고 정의했다. 가정은 부모인 장인의 숨결과 손길이 닿아서 아이라는 귀한 작품이 만드는 공장이다. 아이는 부모가 믿어주고 지켜보는 만큼 성장한다.

믿음과 신뢰의 대화법

아이를 믿는다는 것은 아이가 잘할 수 있을 거라고 진심으로 생각하는 것이다. 그렇게 믿으면 무슨 일이든 잘해내는 자녀의 모습을 생생하게 그려낼 수 있다. 아이를 진짜 믿으면 숙제하라며 아이에게 잔소리할 일도 없다. 부모가 항상 아이가 잘할 수 있을 거라고 생각하면서 말을 건네면, 아이 스스로도 '나는 잘하는 사람이야'라고 생각하고 행동하게 된다.

그러려면 부모의 말투부터 바꾸어야 한다. 별것 아닌 것처럼 보여도 생각보다 훨씬 효과가 크다. 처음에는 아이가 잘 해내리라는 생각이 좀처럼 들지 않을 수도 있지만, 일단은 믿음이 담긴 말을 건넨다. 이를 습관처럼 들이면, 신기하게도 어느새 아이를 긍정적으로 바라보고 아이를 믿는 자신을 발견할 것이다. 이렇듯 믿음이 담긴 말을 자주 하다 보면 어느 순간 아이를 신뢰하면서 마음에서 우러나와 이야기하게 된다. 그만큼 말투는 중요하다.

아이를 믿는 말의 예

역시! 최고야!

넌 할 수 있어!

괜찮아.

너니까 가능한 거야.

네 덕분에 너무 행복하다.

생각을 바꾸면 말투는 저절로 바뀐다. 말투에 따라 바위처럼 꿈쩍도 하지 않던 사람을 설득할 수도 있다. 그런데 말투보다 더 중요한 것은 말하는 사람의 생각, 내면의 진실한 마음이다. 아이를 믿는다고 말로만 할 뿐, 속으로는 '커서 뭐가 되려고 저 모양이야?', '저렇게 미운 짓만 골라 하는데 어떻게 사랑해줄 수 있겠어?'라고 생각한다면 아무 소용이 없다. 이런 마음은 드러나게 되어 있다. 부모는 아이의 첫걸음마에 환호했던 것처럼 아이의 작은 성장 앞에서 진심으로 기뻐할 필요가 있다.

아이에 대한 생각을 바꾸는 말

너는 커서 훌륭한 사람이 될 거야.

너는 너만의 재능이 있어.

엄마는 언제나 너를 믿어.

넌 참 귀한 존재야.

부모만이 아이의 미래를 상상할 수 있다. 아인슈타인도 자신을 믿고 지켜보는 어머니의 인내 덕분에 크게 성장할 수 있었다고 한다. 아인슈타인의 어머니는 "너에게는 훌륭한 장점이 있단다. 이 세상에 너만이 할 수 있는 일이 있을 거야. 틀림없이 훌륭한 사람이 될 수 있어"라고 늘 말해주었다고 한다. 아이는 부모가 말한 대로 된다. 엄마의 말이 아이가 현재 지나가는 길과 앞으로 지나갈 길을 만든다고 해도 과언이 아니다. 그러므로 부모는 아이에 대한 믿음과 신뢰의 말을 많이 해야 한다.

부모와 아이의 신뢰가 생기면 좋아지는 것

1. 부모와 아이의 관계가 좋아진다. 아이도 마음의 문을 연다.
2. 아이에게 정서적인 안정감을 주고 문제 해결력을 길러줄 수 있다.
3. 감정을 부모에게 전달하는 과정에서 아이의 스트레스가 해소된다.
4. 아이는 부모와 함께 고민할 기회를 갖게 된다.
5. 아이에게 문제 해결에 대한 적극적인 의지를 북돋아줄 수 있다.

아이와의 라포 형성을 위한 자세

1. 대화하는 동안에 미소를 짓는다.
2. 집중하여 상대방의 이야기를 듣고 있음을 보여준다.
3. 상대방의 이름을 머릿속에 기억하며 이야기한다.
4. 상대방의 정서에 맞는 말을 구사한다.
5. 눈을 맞추고 말한다.

아이를 존중하는 말을 한다

아이가 스스로 알아서 하면 부모는 더 이상 바랄 게 없다. 양육의 목적은 아이를 독립적이고 자기 주도적인 사람으로 성장시키는 것이다. 그러므로 부모는 아이의 자립성을 키워주어야 한다. 그러나 아이를 존중한다면서 아이에게 "알아서 해"라고 말하는 것은 방임이다. 아이는 어느 길로 가야 할지 몰라 헤매거나 겁부터 먹고 지레 포기할 수도 있다. 또한 제대로 성장할 시기를 놓칠 수도 있다. 아이를 존중하는 엄마의 현명한 개입이 필요하다.

부모 유형에 따른 맘 키워드

최근 교육의 트렌드를 반영하는 맘 키워드 중에 자녀에 대한 개입 정도와 자율의 정도로 부모 유형을 나누는 것이 있다.

첫째 유형은 타이거 맘(Tiger Mom)이다. 타이거 맘이란 에이미 추아 예일대 교수가 말한 것으로, 무서운 호랑이처럼 엄격한 자녀 교육 방식을 강조한다. 추아 교수는 직접 자신의 두 딸에게 엄격한 훈육 방식을 적용했고, 아이들은 명문 대학교에 입학했다고 한다. 이렇듯 호랑이 같은 매서운 중국 엄마들의 엄한 교육법을 뛰어난 교육법이라고 주장했고, 아시아를 중심으로 타이거 맘 교육법이 널리 적용되면서 좋은 성적을 거두는 사례가 속속들이 등장하며 전 세계적으로 주목을 받았다.

둘째 유형은 잔디 깎기 맘이다. 잔디 깎기 맘은 주변의 불필요한 풀을 미리 깎아버리듯 자녀의 앞에 놓인 장애물을 미리 해결하는 극성스러운 부모의 모습을 잔디 깎기에 비유한 것이다. 〈뉴욕타임스〉에 따르면 미국 명문 대학교 학생들 중에서 스스로 목숨을 끊는 학생이 늘고 있는데, 아이비리그 중 하나인 펜실베이니아 대학교에서도 13개월 동안 무려 6명이 목숨을 끊었다. 미국 내 15~24세 인구의 자살 비율이 늘면서 2007년 10만 명당 9.6명에서 2013년에는 11.1명이 되었는데, 학생들의 자살 요인 중의 하나로 잔디 깎기 맘의 증가를 꼽고 있다.

셋째, 헬리콥터 맘이다. 헬리콥터 맘은 주변을 맴돌며 거센 치맛바람을 일으키는 부모를 말한다. 아이 스스로 문제를 해결하도록 두지 않고 아이의 사소한 것까지 신경 쓰며 과잉 보호를 한다. 수업 진도를 일일이 체크하고, 숙제를 대신해주기도 하며, 아이의 친구 관계나 장래 희망까지 엄마가 대신 결정한다. 아이가 성인이 된 후에도 지나치게 참견한다. 그래서 부모에게 의존하는 마마보이나 파파걸이 이러한 헬리콥터 맘에 의해 만들어진다.

넷째, 돼지 맘이다. 돼지 맘은 엄마 돼지가 새끼 돼지들을 이리저리 몰고 다니듯 다른 학부모를 몰고 다닌다. 그래서 자신의 아이와 소수 정예 수업을 함께 받을 학생들을 직접 고르고 유명 강사를 직접 섭외한다. 이렇듯, 엄마들 사이에서 사교육과 관련된 권력을 휘두르며 사교육을 조장한다. 교육의 정보를 소수의 학부모들하고만 공유하면서 위화감을 조성한다.

이러한 맘 유형들은 공통점이 있다. 아이의 자율성을 빼앗고, 창의성도 키울 수 없으며, 아이 스스로 자신의 목표를 설정할 수 있는 기회를 갖지 못하게 한다는 것이다. 부모가 시키는 대로 움직이면서 아이들의 자립심도 부족해져서 아이는 진짜 원하는 것이 무엇인지 알지 못한 채 성인이 된다. 인생의 주체가 자신이 아니고 부모가 이끄는 대로 성장하므로, 삶의 의미를 깨닫지 못하고 극단적인 선택을 하는 경우가 생긴다.

그러므로 자신은 어느 맘 유형에 해당하는지 생각해보고, 진정으로 아이의 행복이 무엇인지 고민해보아야 한다.

아이의 선택으로부터 시작하는 존중

가장 잘못된 엄마의 말은 "넌 아무 생각 하지 마. 시키는 대로 공부나 해"다. 이 말에는 아이에 대한 존중이 없다. 아이의 공부를 강조한 말 같지만, 아이에게 선택의 여지를 주지 않고 무능력한 아이로 키워내는 무서운 말이다. 스스로 선택하려면 존중과 독립성이 바탕이 되어야 한다.

부모의 역할은 아이가 스스로 판단하고 선택할 수 있도록 돕는 것이다. 그 과정에서 아이는 선택의 능력이 길러진다. 엄마가 선택을 대신해주면 아이에게는 선택의 여지가 사라지므로 아이의 주체성은 떨어질 수밖에 없다. 부모도 아이를 존중하는 마음이 약해진다. 아이 스스로 괜찮은 선택을 할 수 있으려면 경험을 그만큼 많이 해봐야 한다.

아이를 무시하는 엄마의 말 습관

아이: 엄마, 나 숙제하기 싫어.

엄마: 네가 언제 숙제하고 싶은 적이 있었니?

아이: 엄마는 꼭 그런 식이더라.

엄마: 네가 잘해봐라. 엄마가 이렇게 말하겠니?

아이: 엄마랑은 말이 안 통해. 몰라.

엄마: 그러니까 매번 숙제도 제대로 못 하지.

이렇게 되면 엄마와 아이의 대화는 말싸움이 된다. 감정적인 말싸움은 대화의 본질을 흐린다. 엄마와 아이 모두 자존심이 상한 채 상처만 남는다.

아이를 존중하는 엄마의 말 습관

아이: 엄마, 나 숙제하기 싫어.

엄마: 왜?

아이: 그냥.

엄마: 그럼 어떻게 할래?

아이: 몰라.

엄마: 언제 하고 싶을 것 같아?

아이: 몰라, 지금은 하기 싫어.

엄마: 그럼 지금은 무엇을 하고 싶은데?

아이: 그냥 쉬고 싶어.

엄마: 그럼 이따가 숙제하고 싶을 때 말해줄래? 도움이 필요하면 얘기하고.

부모는 아이에게 관심만 보이면, 그다음은 아이의 몫이다. 아이는 엄마가 자신을 존중해주는 말에서 숙제가 자신이 해야 할 일임을 깨닫는다. 부모와 대등하게 얘기를 나눌 수 있다면 표현을 잘하는 아이가 된다. 부모는 아이가 자신의 마음을 말할 수 있도록 아이와 대화할 필요가 있다.

아이를 존중하기 위한 방법

첫째, 아이와 대등한 관계로 바라본다. 권위로 누르는 말을 사용해서는 안 된다. 예를 들어 "하라면 하지, 왜 말이 많아!"와 같이 윽박지르면 안 된다. 이런 말은 아이에 대한 거절과 무시다. 이런 대화가 쌓이면 아이들은 부모의 말을 회피하고 마음을 닫아버린다. 부모가 아이 스스로 선택하게 하고 책임을 지게 하면 아이의 자존감을 존중하므로 자립심이 키워진다.

아이는 선택에 서투르다. 그래서 "이거 먼저 해요? 저거 먼저 해요?"라고 자꾸 물을 수 있다. 그때는 부모가 "어떤 일을 먼저 하고 싶어?", "네가 선택하면 어떨까?"라고 되물어준다. 이는 아이의 선택을 전적으로 믿는다는 신호다. 이 과정을 통해 아이의 자존감까지 길러진다.

둘째, 잔소리를 하지 않는다. 잔소리는 생각의 기회를 막으므로, 화를 내거나 윽박지르지 않고 아이의 행동을 변화시켜야 한다. 그리고 말의 의도를 담백하게 전달해서 아이가 이성적으로 이해하도록 말한다. 숙제를 하지 않고 졸리다고 말하는 아이에게는 "졸려? 잘 거야? 숙제는?" 정도로 간단하게 말한다. 아이가 태평하게 "네, 잘래요"라고 하면 부모도 가볍게 "그래, 잘 자" 하고 인사한다. 대신, 아이가 자신의 선택에 대해 책임질 수 있게만 유도한다. 숙제를 안 할 때는 "숙제는 다 했니?", "숙제는 언제 하는 게 좋을까?"라고 가볍게 물어서 아이가 스스로 깨닫게 한다.

셋째, 아이가 스스로 선택했다면 책임도 스스로 지게 해야 한다. 그런데 그렇게 하지 못하는 부모들이 많다. 예를 들어 숙제를 하지 않고 잠든 아이가 아침 일찍 일어나 숙제한다면 엄마는 칭찬도, 비난도 할 필요가 없다. 그저 "숙제하는구나"라며 아는 척만 한다. 무엇보다 숙제를 하겠다는 아이의 선택이 중요하다. 참다 못한 엄마가 "그럴 줄 알았어. 얼른 숙제해"라고 말하는 순간, 안 하느니만 못한 '존중'이 되어버린다. 엄마한테 혼난 상태에서 숙제하니 학습 효과도 높을 리가 없다. 아이를 존중하고자 했던 계획이 틀어지고 아이에게 몇 배로 그 탓을 돌리거나, 결국 급한 나머지 아이의 숙제를 대신해주는 사태까지 발생한다.

그러므로 부모는 이런 상황에 대비한다. 진정으로 아이를 사랑하는 부모라면 현명한 선택을 해야 하기 때문이다. 아이에게 자신의 선택에는 책임이 따른다는 사실을 알려준다. 아이가 스스로 판단해 선택했다면 이제 책임을 느껴야 한다. '책임'은 말에서 시작해 행동으로 이어진다는 것을 가르쳐주고, 아이가 자신의 실수를 깨달으면 그때는 도와주되 많이 개입하지 않는다.

아이가 부모로부터 존중받은 기억은 타인을 향한 존중으로 되돌아간다. 존중받은 만큼 다른 사람을 존중하게 된다. "콩 심은 데 콩 나고 팥 심은 데 팥 난다"는 것과 같은 이치다. 아이를 통제해 부모의 말에 굴복하는 아이로 키울지, 아니면 미래를 내다보며 스스로 생각하고 행동하는 아이로 키울지는 부모의 선택에 달렸다. 공부력보다 더 중요한 것은 아이가 어떤 사람으로 자라게 할 것인가 하는 문제다. 아이가 성인이 되어 사회생활을 하면 다른 사람들과 의견을 나누고 조율하면서 자신을 지키는 대화법이 더욱 중요해진다. 어렸을 적부터 나눈 부모와의 대화는 자신과 의견이 맞지 않는 사람과 어떻게 의견을 나눠야 하는지 배울 수 있는 중요한 기회다.

아이를 존중하는 육하원칙 말하기 연습

1) 상황을 파악하는 '왜'(부드러운 어조로 묻는다)

아이가 무슨 이유로 그런 말을 했는지 상황을 파악한다.

"엄마, 나 공부하기 싫어."

"왜? 무슨 일 있었니?"(공부하기 싫은 이유를 물어본다)

2) 방향을 제시하는 '어떻게'(앞으로의 일에 집중하게 한다.)

아이의 이유를 듣고 나서 무엇을 하면 좋을지 제안한다.

"그럼 어떻게 하면 좋을까?"('어떻게'라는 말로 그다음에 대해 물어본다)

3) 구체적인 대안을 찾아가는 '언제'/ '누가' /'무엇을'/ '어디서'

아이에게 질문을 던진다. 최선의 대안을 이끌어낸다.

"그럼 공부를 언제 하면 좋을까?"
"어디서 하면 좋을까?"
"무엇을 먼저 하고 싶어?"

(언제, 어디서, 무엇 등의 말로 앞으로 해나갈 수 있는 실천 방법을 유도한다)

3장

아이의 인생을 변화시키는 엄마의 말투 III

아이의 감정을 풍부하게 하는 말을 한다

세계 곳곳에서 일어나는 사건, 사고를 들으면 불안감이 생긴다. 그러나 점차 시간이 지나면서 둔감해진다. 이제는 인터넷과 스마트폰이 보급되면서 채널이 다양화되어 아이들 역시 많은 뉴스에 노출되고 있다. 이런 일에 둔감해지면서 타인의 고통에 무감각해지고 있다. 부모와 자녀의 관계조차 그래서는 안 된다. 부모와 아이의 따뜻한 정서적 유대가 필요한 이유다.

아이와의 공감이 힘든 이유

부모들은 모두 아이와의 공감이 중요하다는 것을 알고 있다. 그러나 공감하는 대화법을 실천하려고 해도 화난 아이를 보면 부모가 먼저 화를 내고 만다. 아이가 왜 저러는지 도저히 이해를 못 하겠다는 부모들이 많다. 공감하는 말도 어색하고, 부모 자신의 감정을 조절하고 코칭하는 것도 불편하다. 부모들은 아이의 감정을 제대로 바라보고 인지하려 하지 않는다. 부모가 아이의 감정을 제대로 공감하기 힘든 데는 원인이 있다.

첫째, 제대로 공감을 받아본 적이 없다. 우리나라 요식업 최고의 사업가 백종원은 요리의 맛을 내기 위해 전국 팔도를 돌아다니며 온갖 맛집을 섭렵했다고 한다. 맛있는 음식을 직접 먹어보지 못하면 제대로 음식을 만들 수 없고, 설명만 들어서는 제대로 된 맛을 제대로 구현해내기 힘들기 때문이다. 공감하는 것도 이와 마찬가지라서, 자라면서 공감받아본 경험이 있어야 타인의 마음에 공감할 수 있다. 공감 경험이 없으면 제대로 타인의 마음이 머릿속에 그려지지 않는다.

많이 슬프구나. 울고 싶구나.

화가 났구나.

아고, 아프구나.

원하는 게 있구나.

엄청 신나겠다.

부모 세대는 성장 과정에서 감정에 대해 배운 경험이 적다. 감정 표현을 자유롭게 할 수 있도록 존중받은 경험이 부족하기 때문이다. 당시 부모들은 먹고사는 게 화두라 늘 바빴고, 공감받을 만한 기회가 적을 수밖에 없다. 정서의 중요성이 잘 알려지지 않은 시기이기도 했다. 그러나 지금은 그때와는 달리 부모가 아이의 감정을 존중해주고 공감해야 한다는데, 막상 자신은 공감을 받은 경험이 없으니 아이에게 공감하기가 어렵다.

둘째, 부정적인 감정을 나쁜 것이라고 배웠다. 대부분의 부모들은 어린 시절에 울면 "뚝! 그만 울어!"와 같은 반응을 대했다. 이는 부정적인 감정을 제대로 인식하고 수용하는 대신 차단해버리는 셈이다. 그런 반응에 대해 아이는 슬픔과 분노와 같은 부정적인 감정은 없애야 하는 것으로 인식한다. 이런 과정을 거쳐 자랐기에 부모는 아이가 그런 감정을 표현할 때 마음이 불편하다. 아이가 감정을 표현하도록 지켜봐주고 인정하는 게 힘들고, 공감해주는 것은 더 어렵다.

존 가트맨 박사는 모든 사람은 정서에 대해 가치관과 태도, 생각 및 느낌 등을 가지고 있다고 했다. 예를 들어 분노라는 정서를 누군가는 '위협적인 나쁜 느낌'으로 생각하지만, 어떤 사람은 '여러 가지 정서 중의 하나'로 인식한다. 가트맨 박사는 감정에 대한 부모의 생각이 아이의 감정에 공감하는 것과 어떤 연관성이 있는지 연구했다. 그 결과, 분노, 슬픔과 같은 정서에 대해 부모가 긍정적으로 생각하면 아이의 정서를 더 많이 수용하고 공감해주는 것으로 나타났다. 그런 부모의 아이들은 집단 비교군 대비 또래 관계와 건강 및 학업과 자아 존중감 등의 영역에서 훨씬 더 긍정적이다.

아이에게 제대로 공감하려면

부모가 자신의 감정에 대해 배운 적이 없으면 자신의 감정과 친해질 기회가 없어서 감정에 서툰 것이 당연하다. 그러니 아이의 감정에 제대로 공감해주지 못한다고 해서 자책할 필요가 없다. 지금부터라도 자신의 감정에 더 가까워지고 감정을 자연스럽게 잘 표현할 수 있도록 연습한다. 부정적인 감정도 편안하게 느낄 수 있도록 우선 자신이 느끼는 감정이 무엇인지부터 알아야 한다.

첫째, 감정 단어들과 친해진다. "어제 인상 깊었던 감정을 표현해 보세요"라고 질문하면 많은 사람이 감정의 단어를 끄집어내는 것을 어려워하며, 감정이 아닌 사실 위주로 나열한다. 감정 표현의 단어들과 친숙해지는 가장 쉬운 방법은 일상에서 다양한 감정을 느끼는 것이다. 전문가들은 감정 노트를 쓰라고 추천한다. 느끼는 감정을 다양한 단어로 인지하고 표현하면 아이의 감정을 이해하고 공감하는 것도 자연스러워진다.

둘째, 자신의 감정에 먼저 공감한다. 아이의 감정에 잘 공감하기 위해서는 부모가 자신의 감정을 공감할 필요가 있다. "그렇게 느낄 수도 있어", "그럴 수 있어"와 같은 말로 자신이 느낀 감정이 타당했다고 스스로에게 말해준다. 자신의 감정을 이해하고 수용해주는 경험이 우선되어야 아이의 감정도 편안하게 소화할 수 있다. 그러려면 자신의 감정을 그대로 인정하는 과정이 필요하다.

셋째, 아이는 감정을 배우고 있는 중이란 사실을 기억한다. 부모는 성인인데도 자신의 감정을 인지하고 조절하기가 어렵다. 아이가 과하게 감정을 표현하면, 특히 울고불고 떼를 쓰면 부모는 힘들다. 하지만 아이는 자신의 감정을 명확하게 그려내지 못한다. 지금 아이는 시시때때로 느껴지는 자신의 다양한 감정에 이름을 붙이고 배워나가는 중이다. 아이가 감정 조절을 하지 못하고 폭발하면 아이가 막 감정을 배우는 단계임을 인식하고 대처한다.

넷째, 아이의 감정을 진심으로 읽어준다. 〈MBC 스페셜〉에서 '내 아이를 위한 사랑의 기술'을 방영했던 적이 있다. 부모가 아이에게

"금붕어 한 마리 죽은 것 갖고 왜 울고불고 그래? 뚝 그쳐"라고 말하는 장면이 있었다. 이처럼 예전에는 많은 부모가 아이의 감정을 살피지 않았다. 만약 "금붕어가 죽었어? 그래서 우는구나. 많이 슬프지?"라며 아이의 감정을 알아줬다면 아이는 커가면서 소통이 어렵지 않은 성인으로 자랐을 것이다. 대화란 서로의 마음과 감정을 공유하는 것이다. 부모가 "바쁘니까 공부에만 집중해"라며 감정을 무시해놓고 이제 와서 "너와 이야기를 나누고 싶어"라고 한들 아이들에게 전혀 와닿지 않는다.

해서는 안 되는 엄마 말 습관

1) 아이의 감정을 일축시키는 '축소 전환형' 말 습관이다.

그깟 일(금붕어가 죽은 일)로 울어?
뚝 그쳐. 무슨 큰일이 났다고 이렇게 호들갑이니?
시간이 지나면 알아서 그치겠지.
뭘 그딴 걸 갖고 그래? 그게 속상할 일이니? 세상에는 그것보다 힘든 일들이 더 많아.

이런 반응을 보이는 부모 밑에서 자란 아이는 자신의 감정 따위는 별로 중요하지 않다고 생각한다. 같은 경험이 반복되면 아이의 결정력에는 좋지 않은 영향을 미친다. 그러면서 부모의 감정에만 의지하면서 주도성과는 거리가 멀어진다. 아이는 '엄마한테 말해봤자 뻔해'라고 생각하고, 자신의 감정을 솔직히 드러내봤자 좋지 않다는 사실을 배워 입을 다물고 아이의 감정은 건강하게 발달하지 못한다.

2) 아이의 감정을 억압하는 '억압형' 말 습관이다.

속상하긴. 너만 속상해? 너만 하기 싫은 거 아냐.
뚝 그쳐! 친구끼리 왜 싸워? 그만해.
친구랑 싸우는 거 아냐. 빨리 사이좋게 지내.
얼른 화해해. 니가 양보해. 얼른.

어린 시절의 나로 돌아가서 아이와 함께 비교해본다. 어렸을 때 자신이 부모에게 어떤 감정을 느꼈는지 떠올려보면 도움이 된다. '억압형 엄마'의 말은 대부분이 명령형이며 '무조건 엄마 말대로 해야 해'라는 속뜻을 담고 있다. 어릴 때는 엄마가 "뚝! 그쳐" 하면 감정을 억누르지만, 사춘기가 되고 자아가 발달하면서부터는 다르다. 엄마가 자신의 마음을 알아주지 않는다는 사실을 아이들은 인식하면 부모에게 마음을 닫아버린다. 사람은 자신을 이해해주는 사람에게 마음을 연다.

부모의 공감에 따라 아이의 미래가 달라진다

심리학에서는 쾌와 불쾌의 정서가 생후 3개월부터 나뉜다고 한다. 사람은 그때부터 기본적인 감정을 느낀다. 아이가 자신의 마음을 솔직하게 이야기하지 못한 채 자라면 감정을 표현하기 힘든 어른이 된다. 부모는 아이가 자신의 감정을 배우고 인식할 수 있도록 도와야 한다. 그러는 데 가장 효과적인 방법은 부모가 아이의 감정에 '공감'해주는 것이다. 부모가 아이의 감정을 읽어주면 아이는 감정을 배운다.

그런데 감정을 제대로 표현하지 못하면 삶을 주체적으로 살기 힘들다. 내가 정말 원하는 것, 싫어하는 것을 표현할 수 없으면 결국 타인에게 의존한다. 결정적인 순간에도 표현하지 못하고, 타인의 정서와 감정도 잘 파악하지 못한다. 그러므로 아이가 자신의 감정을 인식할 수 있는 어른으로 성장하도록 부모가 평소에 아이에게 공감해줄 필요가 있다.

감정 표현 단어: 아이와 함께 자신의 감정을 표현해본다.

1) 기쁨

감동적이다	감탄하다	고맙다	괜찮다	궁금하다
기쁘다	다행스럽다	든든하다	만족스럽다	반갑다
뿌듯하다	사랑스럽다	상쾌하다	설레다	신기하다
신나다	여유롭다	열정적이다	유쾌하다	자랑스럽다
자신 있다	재미있다	좋다	통쾌하다	편안하다
행복하다	훈훈하다	홀가분하다	활기차다	흥미롭다

2) 두려움

걱정스럽다	무섭다	긴장하다	깜짝 놀라다	두렵다
부끄럽다	불안하다	당황하다	곤란하다	귀찮다
막막하다	망설이다	조마조마하다	불쾌하다	부럽다
심란하다	혼란스럽다	관심없다	찜찜하다	불편하다
주눅들다	부담스럽다	어색하다	피곤하다	싫다

3) 분노

괘씸하다	나쁘다	원망스럽다	답답하다	지긋지긋하다
억울하다	못마땅하다	짜증나다	밉다	화나다
심술나다	어이없다	지친다	절망스럽다	황당하다
괴롭다	힘들다	속상하다	우울하다	후회스럽다
비참하다	슬프다	서럽다	실망스럽다	섭섭하다

출처: ㈜한국 콘텐츠미디어 한국 진로교육센터

매슬로의 인간 욕구 5단계

1단계	생리적 욕구(음식, 물, 휴식 등)
2단계	안전 욕구(안전, 건강)
3단계	사랑의 욕구(가족, 우정, 친밀감)
4단계	자아 욕구(존경, 자존감, 인정)
5단계	자아실현 욕구(목표 성취, 잠재력 실현)

아이가 자기 긍정감을 키울 수 있는 말을 한다

어려운 일도 잘 견뎌내는 사람은 힘든 일을 성공의 발판으로 만든다. 이와는 반대로 쉽게 자책하고 포기하는 사람도 있다. 이런 태도의 차이는 자기 긍정감에서 나온다. 미즈시마 히로코는《자기 긍정감을 회복하는 시간》에서 자기 긍정감이란 지금 있는 그대로의 자신을 인정하고 긍정적으로 생각하는 것이라고 말했다. 이는 곧 자신이 무엇이든 할 수 있다는 자기 자신에 대한 믿음이다.

자기 긍정감이 높은 아이는 무언가를 해내려는 마음이 강하고, 불안과 슬픔을 느끼더라도 회복하는 힘이 크다. 자기 긍정감이 낮은 사람은 자신을 쓸모없는 사람이라며 늘 부정적인 감정에 휩싸인다.

아이의 자기 긍정감은 부모가 키운다

심리학 용어 중에 '로젠탈 효과(Rosenthal effect)'라는 말이 있다. 하버드 대학교의 로버트 로젠탈 교수가 발표한 이론이다. 샌프란시스코의 한 초등학교에서 지능검사를 실시한 후, 20%의 학생들을 무작위로 뽑아 담당 교사에게 그 학생들이 IQ가 특히 높다고 알려주었다. 8개월 후, 학생들의 IQ 검사를 다시 진행했더니 명단에 오른 학생들의 IQ는 다른 학생들보다 더 높게 나타났다. 학교 성적도 물론 더 좋았다. 자신을 똑똑하다고 믿는 선생님의 기대에 부응하고자 그 학생들이 더 열심히 노력했기 때문이라는 것이다.

미국의 사회학자 찰스 쿨리는 '거울 자아 이론'을 발표했다. 그에 따르면 자아는 타인과의 유기적인 관계 속에서 성장한다고 한다. 타인의 평가는 자신의 자아를 비추는 거울과 같다는 것이다. 거울 속에 있는 자신을 보는 것처럼 다른 사람들이 자신을 바라보는 모습을 자신의 일부분으로 받아들인다. 다른 사람들이 나에게 기대한다고 생각되는 모습을 자신의 자아상으로 만들어간다. 아이에게 있어 가장 중요한 타인은 부모이므로, 부모의 평가는 아이에게 거울 자아가 된다. 이 이론에 따르면 아이의 자존감은 부모로부터 존중받을 때 더욱 강화된다.

아이들은 자아를 형성해가는 단계에서 부모의 시선을 통해 자신을 바라보며 아이의 일생을 좌우한다. 아이에게 말할 때 조심해야 하는 이유다. 부모의 말은 아이의 자존감을 키우는 양분이다. 아이가 스스로 존중받을 만한 가치가 충분한 사람이라고 생각할 수 있도록 해야 한다. 이러한 자기 신뢰는 자존감으로 이어져서 자기 긍정감을 높인다. 부모로부터 충분한 보살핌을 받고 부모와의 관계가 좋은 아이는 두려움이 있어도 어려움을 이겨내지만, 부모가 아이를 무관심하고 차갑게 대하면 아이는 스스로를 무가치하게 여긴다.

아이의 존재 자체를 긍정하는 말

네가 태어나줘서 고마워.
네가 있어서 정말 행복해.
네가 있으니 집에 활기가 넘친다.
네가 웃으니 엄마도 기분이 좋아.
네가 오니까 집이 환해진다.
네가 오니까 엄마의 기분이 좋다.
네가 무사히 건강하게 집에 들어오니 얼마나 기쁜지 몰라.
네가 엄마에게 큰 행복이야.

부모 말의 힘

심리학자 에미 워너는 1955년 하와이 카우아이섬에서 태어난 신생아 833명을 대상으로 연구했다. 그중 최악이라고 할 만한 환경에 놓여 있던 아이들 중 70여 명의 성적이 우수했는데, 이 아이들에게는 공통점이 있었다. 아이들은 사회성, 자기 수용성, 뚜렷한 가치관 등의 점수가 높았는데, 바로 회복탄력성 덕분이었다. 그리고 아이의 입장을 무조건적으로 이해해주고 받아주는 단 한 사람, 부모의 존재가 곁에 있었다.

존 볼비가 이야기한 애착 관계는 인간의 발달에 매우 중요해서 생존을 위해 필수다. 애착 상태를 '각인'이라고도 하는데, 각인은 사회적 행동에 중요한 영향을 미친다. 아이는 말을 배우면서 자신에 대한 다른 사람의 반응을 바탕으로 자신의 존재감을 확인한다. 자존감의 기초를 만드는 것이다. 이때 엄마에게서 가치 있는 사람이라는 말을 들으면 아이에게는 좋은 자기 긍정감이 형성될 수 있다.

리처드 밀러는 실험을 통해 '라벨 효과'를 증명했다. 라벨 효과란 다른 사람이 라벨을 붙여주면 그에 따라 행동하려고 한다는 이론이다. '레테르 효과'라고도 부른다. 초등학교의 A학급에서는 청소의 중요성에 대한 강의를 진행하고, B학급에서는 "이 반은 청소가 잘되어 있네"라며 칭찬했다. 그랬더니 '깨끗하고 깔끔한 학생'이라는 라벨을 붙여준 B학급 학생들이 A학급의 학생들보다 쓰레기를 줍는 경우가 세 배나 더 많았다. 이렇듯 라벨이 현실이 되는 힘이 있다는 것이다. 부모가 아이에게 붙여준 그 라벨이 아이의 자존감을 형성한다.

자기 긍정감을 해치는 말

아이: 엄마, 난 머리가 나쁜가 봐. 공부를 열심히 했는데도 성적이 안 올라.

엄마: 이번 시험에서는 공부 열심히 한 거 아냐? 그런데 왜 성적이 안 올라? 학원에도 보내줬잖아. 뭔가 결과가 나와야 하지 않겠어?

자기 긍정감을 키우는 말

아이: 엄마, 난 머리가 나쁜가 봐. 공부를 열심히 했는데도 성적이 안 올라.

엄마: 이번 시험에서는 공부 열심히 했잖아. 너는 최선을 다했어. 엄마가 봤잖아. 하루아침에 모든 것을 이룰 수는 없단다. 최선을 다했으면 됐어. 다음에는 더 좋은 결과가 나올 거야.

아이에게 "다음에는 더 잘할 수 있을 거야"라고 말은 하지만 성적이 안 오르면 속상한 것은 사실이다. '우리 아이가 정말 머리가 나쁜가?'라는 생각이 들기도 한다. 김춘수의 〈꽃〉은 이름을 불러주자 그 이름에 맞는 꽃으로 피어난다는 시다. 이와 마찬가지로 부모가 아이에게 "너는 특별해"라고 말해주면 그 라벨은 현실이 된다. 부모의 말이 아이의 자존감을 형성하고 미래가 된다. 그러므로 아이에게 좋은 라벨을 붙여줘야 한다. 그래야 아이는 자신을 '나는 괜찮은 사람', '나는 사랑받을 가치가 있는 사람'이라고 긍정적으로 평가할 수 있다.

아이의 자기 긍정감을 키우는 법

톰 워첵은 혁신과 창의력 분야의 전문가로, 20분 안에 스무 개의 스파게티면으로 탑을 쌓고 맨 꼭대기에 마시멜로를 올려놓는 '마시멜로 챌린지' 실험을 진행했다. 유치원생, 변호사, CEO, 의사, MBA 과정의 학생, 건축가 등이 각각 팀을 이뤘는데, 가장 잘한 팀은 유치원생이었고, 꼴찌는 MBA 과정의 학생이었다. 아이들은 탑의 형태를 변형해가며 조금씩 더 높은 탑을 쌓아갔고, 두려움 없이 도전하고 실패하면 다시 도전했다. 그러나 MBA 과정의 학생들은 완벽한 한 가지 방법을 찾아 논의만 하다가 종료 시간이 다가오자 공황 상태에 빠졌다. 이렇듯 한 번의 실패에 무너지느냐는 마느냐는 평소 아이에게 하는 엄마의 말에 달려 있다.

아이의 자기 긍정감을 길러주기 위해서 첫째, 무엇이든 아이가 원하는 것을 이루게 돕는다. 아이가 로봇을 만들고 싶다고 하면 계획을 세워 만들 수 있도록 한다. 아이가 양파를 잘라보고 싶다고 하면 해볼 수 있게 도와준다. 별것 아닌 작은 성공이라도 경험하도록 하는 것이다. 그런 과정을 거치면 아이는 무엇이든 해낼 수 있다는 자신감을 배운다. 부모는 아이가 좋아하는 것을 있는 그대로 인정하고 지켜봐주면서 아이 스스로 무엇을 좋아하는지 찾아낼 수 있도록 한다. 아이가 자신이 좋아하는 일에 몰두하도록 지원한다.

둘째, 작은 성취감을 느끼게 해준다. 심부름과 허드렛일 돕기 같은 일을 아이가 직접 감당해보는 것이다. 아이는 삶에 대한 책임감을 부여받고 작은 성취감을 느낀다. 자신이 도와서 가족의 편리함과 안정이라는 결과를 맛보면 아이는 뿌듯함을 느낀다. 생활 속의 소소한 문제를 해결하기 위해 스스로 시도해보는 과정에서 성장하며, 점차 효율적인 방법을 고민한다. 그러다 보면 문제 해결 능력을 키우기에 좋다. 설거지를 하며 물이 많이 튀는 문제를 해결하기 위해 스스로 앞치마를 매든가 바닥 청소도 직접 하며, 좀 더 편한 자세를 찾는다. 이렇듯 스스로 익혀가는 과정이 중요하다.

1983년 브리티시컬럼비아 대학교의 론 화이트헤드 교수는 도미노 효과 이론을 발표했다. 도미노 효과란 첫 번째 도미노가 넘어지면서 전달되는 에너지는 다음 도미노를 넘어뜨리는 데 필요한 에너지보다 크다는 것이다. 실험 결과 5센티미터 도미노에서 시작된 힘은 90센티미터짜리 마지막 도미노를 쓰러뜨릴 수 있었다. 5센티미터로 시작해서 18번째에 이르면 피사의 사탑만 한 도미노도 쓰러뜨릴 수 있다고 한다.

도미노 이론의 핵심은 맨 처음 도미노, 즉 5센티미터의 도미노를 만드는 것이다. 첫 도미노에서 모든 것이 시작되기 때문이다. 아이가 자신감이 없어 할 때는 "너는 지금 첫 도미노를 만들어가고 있는 거야. 그곳에서 시작하면 돼"라고 말해준다. 아이가 스스로의 능력을 믿도록 하면 자신을 긍정적으로 생각하며 포기하지 않는다.

부모의 말로 자기 긍정 의식이 육성된다

아이의 자기 긍정감은 아이 스스로 갖출 수 없다. 아이는 무한한 가능성만 갖고 있을 뿐이다. 아이에게 가장 가까운 존재인 부모의 말이 중요하다. 부모가 해야 할 일은 자기 긍정 의식을 키우는 것이다. 힘든 일이 있어도 '나는 어떻게든 이겨낼 수 있다'는 마음은 앞으로의 삶에서 수없이 부딪히게 될 어려움에서 아이를 지탱해주는 재산이 된다. 이는 성적이나 학력보다 훨씬 중요하다.

자기 긍정감을 키워주는 말

너는 놀라운 사람이야.
네가 할 수 있는 일에는 제한이 없어.
너는 계속해서 성장하고 발전하고 있어.
너의 노력은 정말로 감탄스럽다. 대단해.
너는 노력하는 용기 있는 사람이야.
너는 멋져.
너는 과거의 실수로부터 배우며 성장해왔어.
너는 어려움을 극복하며 강해진 사람이야.
너는 노력하기 때문에 어떤 일이든 성취할 수 있어.
너는 고유한 재능과 능력을 갖고 있어. 그걸 잘 활용하고 있구나.

자기 긍정감을 해치는 말

넌 아무것도 할 수 없어.

너는 항상 실패하는구나.

다른 사람들은 너보다 훨씬 더 잘해.

너는 계속해서 실수만 해.

넌 할 수 없어. 포기해.

너는 어리석은 결정을 계속 내리는구나.

네가 좀 더 똑똑했으면 좋겠다.

너에게는 자신감이 부족해.

너는 별다른 재능이 없어.

네가 해낼 수 있을 거라고 생각하지 마.

아이가 스스로 할 수 있도록 이끈다

최근 결정 장애라는 말을 자주 듣는다. 선택의 포기에 따른 상실감을 두려워해서 선택하는 것을 주저하는 경우에 쓰는 말이다. 그러면 결정은 자유가 아닌 고통이 된다. 결정 장애가 생기는 근본적인 원인은 자신이 직접 결정해본 경험이 부족하기 때문이라고 한다. 양육 과정에서 부모가 아이의 일거수일투족에 지나치게 관여하면 아이의 문제 해결 능력은 떨어질 수밖에 없다. 부모에게 일일이 허락받고 의존하는 아이로 키울 것인지, 아니면 독립적으로 의사결정이 가능한 아이로 키울 것일지는 부모의 손에 달렸다.

자율성의 힘

동기심리학자 리처드 드캄스는 "사람은 자신을 행동의 주체로 생각하느냐에 따라 삶의 질이 달라진다"라고 했다. 사회심리학 교수인 에드워드 데시도 인간이 자율성의 욕구를 충족하지 못하면 식욕을 충족하지 못했을 때처럼 행복감이 낮아지며 다양한 부적응 결과가 나타난다고 말했다. 사람은 스스로 선택한 일에서 최고의 능력을 발휘한다. 자신의 행동을 스스로 결정하는 것은 인생의 '주인'이 되는 것이다.

식물은 적당한 물과 햇볕을 받고 바람이 잘 드는 곳에 놓아두면 쑥쑥 자라난다. 아이들에게도 이런 환경이 필요하다. 주도성을 갖고 사는 아이들에겐 에너지가 느껴진다. 톡톡 튀는 아이디어도 많다. 모든 부모에게는 아이를 걱정하고 염려하는 마음이 있다. 하지만 아이를 너무 걱정한 나머지 스스로 해볼 기회조차 주지 않는 경우가 있다. 그러면 아이는 성공과 실패의 경험을 할 수 없다. 중요한 것은 잘 해내는 것보다 스스로 해보는 경험이다. 어떤 일을 하고 싶고 어떤 목표를 가질지 등을 스스로 결정해야 하는 것이다.

그래서 에드워드 데시는 40년 동안 인간 행동과 동기의 관계를 연구했는데, 그가 주장한 자기 결정 이론은 스스로 선택할 때보다 보상을 받기 위해 일을 하는 것보다 의욕이 높다는 이론이다. 자율성을 지지해주는 부모 밑에서 자란 아이들이 부모와의 애착 관계가 더 탄탄했고, 어려움을 겪어도 버티는 지구력이 좋았으며, 삶의 만족도도 높고, 자기 효능감도 컸다. 반면 부모의 과보호를 받고 자란 대학생들은 심리적으로 허약하며, 자기 효능감도 낮고, 불안하고 우울했다. 하나부터 열까지 부모가 시키는 대로 하면 아이는 자신의 능력을 잃어버린다. 그리고 부모가 가르쳐준 것 외에 다른 변수가 생기면 불안해하면서 문제 해결 능력을 갖추지 못한다.

아이에게 도전의 기회를 주면 아이의 자발성과 자존감을 키워줄 수 있다. 이는 자율성의 바탕이 되어 아이들은 좀 더 어려운 과정에 도전할 수 있다. 무엇이든 직접 해보도록 일상에서 다양한 기회를 주어야 하는 것이다. 처음에는 부모의 도움이 필요하다. 아이의 손을 잡아주는 등 약간의 도움이 필요하다. 무조건 "너 혼자 해봐"라는 식이어서는 안 된다. 자율성을 키우며 성장한 아이들은 새로운 기회를 접했을 때 좀 더 능숙하고 자연스럽게 과제를 수행할 수 있다.

자율성을 길러주는 방법

미국 마이애미 대학의 아론 루에베 교수는 2016년 377명의 대학생을 대상으로 연구한 결과, 과보호하는 부모에게서 자란 학생들이 우울해하며 자존감과 결정 능력이 결핍되어 있었다. 성적까지 낮은 것으로 나타났다. 부모의 육아 방식이 자녀의 행복과 불행을 결정한다. 아이의 자율성을 길러주면 아이가 더 행복해진다는 것이다. 만약 아이의 자신감이 너무 부족하다면 아이의 선천적 기질도 원인이지만 부모의 과잉보호가 문제다. 그러면 부모의 책임이 크다.

첫째, 아이가 스스로 계획을 세우도록 한다. 목표를 이루기 위해 필요한 것을 정한다. 무엇을, 언제, 얼마 동안 할지 정하는 것이다. 자기가 무엇을 할지 모르면 삶의 주인이 될 수 없다. 계획을 세우지 않으면 무력감이 오기 쉬우니, 좀 더 세부적으로 계획을 세우는 연습을 해야 한다.

예를 들어 해외의 교육 전문가들은 공부 계획을 세우는 것도 좋다고 말한다. 공부할 내용과 예상 소요 시간 등을 기록하면 불안감과 조급함이 사라진다. 계획을 세우면서 우선순위를 정하는 능력을 가지면 아이는 인생을 헛되이 쓰지 않는다.

둘째, 아이가 스스로 결정할 수 있도록 한다. 사소한 것이라도 아이에게 결정하게 하면 아이는 보람을 느끼면서 자기 긍정감도 올라간다. 수업이나 학원 스케줄도 아이가 직접 세우면 자율성과 자립심을 키울 수 있다. 자기가 세운 계획이기 때문에 책임감도 뒤따른다. 계획표를 만들어 눈에 보이는 곳에 붙여두고 체크 박스를 만들어 성과를 거두는지 점검할 수 있도록 한다. 체크 박스라는 간단한 요소만으로도 스스로 판단하고 개선하는 습관을 만들 수 있다. 이때 엄마가 지나치게 간섭하지 않고 거리를 유지하며 지켜봐주는 것이 포인트다.

셋째, 아이의 단계를 잘 살펴야 한다. 아직 걷지도 못하는 아이에게 뛰어보라고 이야기할 순 없다. 아이에게 기회를 주려면 아이가 준비되어 있는지, 얼마나 할 수 있는지 등 아이의 발달 상황을 유심히 지켜본다. 아이가 무엇을 원하는지, 어떤 과제를 수행하고 싶어 하는지, 무엇에 도전하고 싶어 하는지 등 아이를 파악하고 "한번 해볼까?"와 같은 말로 도전을 지지해준다. 아이가 스스로 해볼 기회를 충분히 준다.

부모는 아이가 힘들어하는 것을 지켜보지 못하므로 자기도 모르게 개입한다. 아이가 실패를 겪으면 가슴이 너무 아프니 아이 대신 일을 처리해주기도 한다. 필자는 둘째 아이가 초등학교 저학년 시절에 만들기 숙제를 대신해주었던 기억이 있다. 가위로 색종이를 자르느라 쩔쩔매는 모습이 너무 안쓰러워 보였기 때문이다. 그런데 이런 과잉보호는 해롭다. 실패를 통해 배울 기회를 박탈하기 때문이다. 그러니 아이가 서툴러도 인내심을 갖고 기회를 주어야 하는 이유다.

아이의 자율성을 키워주는 말투

심리학자 레온 페스팅거의 '인지 부조화 이론'이 있다. 사람은 신념과 행동 간의 불일치를 깨달으면 불편함을 느끼므로 논리와 행동의 일관성을 추구한다는 것이다. 예를 들어 부모가 아이에게 "숙제를 먼저 하고 놀아!"라고 하는 대신 "숙제를 먼저 하고 놀면 뭐가 좋을까?"라고 질문했을 때 아이가 "학교 갔다 오자마자 숙제를 하는 것은 이런 점에서 좋아요"라고 대답하면 그 후로 아이는 자신의 말을 지키려고 노력하게 된다. 자신의 신념에 따라 행동하기 위해 노력한다. 아이의 자율성을 키우는 부모의 말투는 다음과 같다.

첫째, 아이에게 선택형 질문을 한다. 아이는 아직 자신이 무엇을 하고 싶은지 정확히 모르고, 하고 싶은 것이 있어도 그것을 표현하는 능력이 부족하다. 의견을 표현하기 위한 언어 구사력에 한계가 있어서 아이의 반응만으로는 무엇을 원하는지 제대로 파악되지 않는다. 이럴 때는 아이에게 몇 가지 방안을 제시한 후 선택하도록 한다. 질문하기의 효과를 가장 잘 활용한 사람이 소크라테스인데, 지혜를 낳도록 도와줄 수 있을 뿐이며 직접 지혜를 낳아줄 수는 없다는 의미에서 산파술을 역설했다.

기회를 없애는 엄마의 말	기회를 주는 엄마의 말
강압적으로 명령한다.	무엇을 하고 싶어 하는지 파악한다.
(무조건 금지하며) "하지 마. 안 돼!"	(도전할 수 있도록 하며) "한번 해볼래?"
(무조건 다 해주려고 하며) "가만히 있어."	(안심시키며) "괜찮아. 도와줄게."

"혼자선 못 해. 엄마가 해줄게."	(손을 잡아주며) "해봐. 어렵지 않아."

선택을 방해하는 엄마의 말	선택을 돕는 엄마의 말
(의문사로) "뭐 먹을래? 빨리 정해!"	(두 가지 중 하나를 고르게 하며) "오므라이스 먹을까, 아니면 초밥 먹을까?"
(서두르며) "뭐 먹을 거야? 빨리 말해."	

둘째, 아이에게 발전하고 있다고 말해준다. 아이의 목표 달성 정도를 목소리로 알려준다. 많은 교육 전문가들이 추천하는 '비포 애프터 비교 화법'으로, 이전보다 성장한 점이 무엇인지 말해주는 것이다. 그렇게 들으면 아이는 자신이 매일 발전하고 있다고 느낀다. 예를 들면 책을 읽고 나서 "이 책을 읽은 후에는 많이 달라졌어. 지구에 대해 알게 되었잖아. 훨씬 똑똑해진 거지"라고 말한다. 영어 공부를 시키면서도 "단어를 30개나 외웠네. 굉장히 많이 발전한 거야. 멋지네"라고 말해준다. 그러면 공부하기 전과 후의 모습을 구체적으로 그릴 수 있어서 아이는 성취감을 느낀다.

자율성이 아이의 미래를 좌우한다

《기다림 육아》의 이현정 작가는 육아에 관해 다음과 같이 말했다. "평생 아이를 따라다니며 챙겨줄 것인가, 스스로를 챙기는 힘을 길러줄 것인가, 부모의 기다림에서 판가름 난다." 부모의 역할은 아이가 스스로 할 수 있는 범위를 정해준 뒤, 해낼 수 있을 때까지 전적으로 믿고 기다려주는 것이다. 무조건 다 해주는 부모가 아니라 제대로 도와주는 부모가 되어야 한다. 그래서 아이가 스스로 할 수 있는 마음의 근력을 갖도록 해야 한다. 그때 아이는 보람을 느끼고 행복해진다. 부모라는 이유로 인생의 선택권을 빼앗을 권리는 없다.

자기 주도성을 기르는 부모 말투

이것은 옳은 걸까, 저것이 옳은 걸까? 네 생각은 어때?
이쪽은 좀 위험하고, 저건 위험하지 않아. 위험하지 않은 일은 해도 괜찮아.
성적이 오른 것은 네가 열심히 공부한 덕분이지. 대단해.
꿈을 꾸면 뭐든지 될 수 있어. 넌 해낼 거야.
조금 더 어려운 것에 도전해볼까? 더 많이 배울 수 있어.
한 걸음씩 가다 보면 결국에는 다 이룰 수 있어.
왜 공부해? 되고 싶은 목표가 뭐야?
오늘 정말 잘했어. 어제보다 더 발전했네. 네 목표에 가까워지고 있어.

아이의 강점을 키울 수 있는 말을 한다

하워드 가드너의 '다중지능 이론'에 의하면 모든 아이는 2~3가지의 재능을 갖고 태어난다고 한다. 아이의 재능을 찾는 과정은 보물찾기와 같다. 다만 어떤 흥미와 재능을 지니고 있는지 아직 밖으로 드러나지 않았을 뿐이다. 아이의 강점을 찾는 일은 아이의 성장 포인트를 발굴하는 것과 마찬가지다. 그러므로 부모는 아이가 무엇을 좋아하고 잘하는지 잘 관찰해야 한다. 아이를 칭찬하다 보면 지금까지 보이지 않았던 것들이 비로소 보이므로 직접 말로 인정해준다. 아이가 성장할 수 있도록 성장 포인트를 발굴해주는 것이 부모의 역할이다.

아이의 강점

인간의 생각이나 감정은 모두 에너지의 형태로 바뀌고 그 에너지가 뇌에 전달되어 실제적으로 행동을 유발한다. 심리학과 교육학에서는 부모가 "우리 아이는 훌륭한 사람이 된다"라고 말하면 자신은 물론이거니와 아이에게도 좋은 에너지가 전달된다고 한다. 반대로 "우리 아이는 별 볼 일 없이 자랄 거야"라고 단정 짓으면 아이는 정말 그 말대로 된다. 정신분석학자 에릭슨도 부모가 아이를 무능하다고 몰아붙이면 아이가 열등한 존재로 살아간다고 했다. 양육자의 태도와 아이의 변화는 관계가 있다. 아이의 강점을 찾아 재능을 인정하고 강화하는 일이 중요한 이유다.

부모의 칭찬은 아이의 성장 포인트를 발굴한다. 아이가 공격적이고 고집이 세다는 것은 줏대 있고 자기 확신이 강하기 때문이며, 억지를 부리는 것만 아니라면 불의에 타협하지 않는다는 말이다. 한편 수다스럽다는 것은 활달하고 분위기를 잘 살린다는 장점으로 볼 수 있다. 인간관계를 맺는 능력이 훌륭하다는 뜻이기도 하다. 때와 장소에 맞게 조절만 되면 조직에서 빠지면 안 되는 비타민 같은 존재가 된다. 이렇게 아이의 강점을 말해주면 아이에게 인정 욕구가 채워진다. 자신의 욕구가 충족된 아이들은 자연스럽게 상대를 신뢰하며, 상대의 입장을 잘 헤아리는 능력도 갖춘다. 또한 아이와의 지속적인 관찰과 대화를 통해 아이의 강점을 더 많이 발견할 수 있다.

필자는 20년간 학생들의 진로 문제로 상담하면서 아이를 칭찬할 것이 없다고 말하는 학부모들을 많이 만났다. 아이의 부족한 단점에만 집중한 탓에 자신의 아이를 제대로 보지 못한 것이다. 예를 들어 내성적인 아이의 성격도 장점으로 볼 수 있다. 모든 성격에는 장점과 단점의 양면이 있다. 내성적인 성격은 소극적이고 주눅이 든 것처럼 보이지만, 한편 신중하고 꼼꼼한 면이 있다. 그러니 아이의 특징을 바라보는 부모의 시야를 바꾸면 된다. 조금만 바꾸면 아이에 대한 평가가 달라진다. 아이에 대한 평가가 긍정적으로 바뀌면 아이 또한 그 평가에 따른 성취를 이루려고 더 노력하게 된다.

아이의 강점을 찾아 말해주는 예

너는 정말로 창의적인 아이야!
너는 배우는 능력이 빠르다. 대단해!
너는 사람들과 잘 어울리네. 사회성이 훌륭하네.
너는 세세한 부분까지 관찰을 잘하네.
너는 수학을 정말 잘하는구나!
목표를 세우고 노력하는 모습이 정말 인상적이야.
다른 사람들의 감정을 이해하고 공감하는 게 멋지다.
적극적으로 도전하는 모습이 훌륭해.
목소리가 아이돌 가수보다 더 좋다.
넌 표현력이 참 좋구나.

강점의 효과

아이의 강점을 이야기해주면 좋은 점이 있다. 첫째, 아이가 긍정적으로 사고한다. 마틴 셀리그먼과 크리스토퍼 피터슨은 긍정심리학의 창시자로, 사람에게서 공통으로 발견되는 '인간의 긍정적 특징'을 조사했다. 연구 결과, 자신의 강점을 알고 행동으로 실천하면 긍정적 정서가 높아졌다. 긍정심리학자 바버라 프레드릭슨도 긍정적 정서가 호기심과 창의성을 유발한다는 사실을 입증했다. 아이가 자신의 이미지를 긍정적으로 갖고 있을수록 아이의 능력이 좋아진다는 것이다. 긍정적 이미지를 내면화하도록 부모가 곁에서 도와주면 아이의 긍정 지수가 높아진다.

둘째, 아이의 자신감이 높아진다. 아이의 강점을 발견해서 키워나가면 아이는 이것만큼은 '내가 최고'라고 느낀다. 특기만 하나 있어도 아이의 자신감은 높아진다. 강점을 인식하면 아이는 자신의 능력과 재능을 깨닫고 자신을 믿을 수 있다. 그러면 강점을 활용하여 도전과 성취를 경험하고, 목표에 도달하기 위해 노력하며, 스스로 동기를 부여하여 더 나은 성과를 이뤄낼 수 있다. 또한 어려움을 극복하고 새로운 기회를 잡을 수 있다. 아이의 단점을 고치려고 지적하는 데 에너지를 쓰는 것보다 강점을 더 키우는 편이 에너지가 적게 든다. 결과도 더 좋고 효율적이다.

셋째, 아이의 성취도가 높아진다. 자신의 강점을 깨달으면 자신감이 커지고 성취도도 높아지는 선순환을 이룬다. 강점의 내용도 더 세부적으로 발전시킬 수 있다.

"우리 아들, 농구하는 모습이 참 멋지네."

"우리 딸, 웃는 표정이 참 예쁘네."

"딸(아들), 좋은 점이 너무 많아. 다 표현할 수가 없을 정도야."

강점을 말하는 것의 세부 효과

아이에게 사랑이 담긴 말을 하게 된다.
아이에게 관용이 생긴다.
아이에게 늘 격려와 칭찬을 하게 된다.

아이가 엄마를 신뢰한다.
아이가 엄마에게 사랑받고 있다고 느낀다.
아이와의 거리감이 준다. 친밀감이 좋아진다.
아이의 행동과 생활이 건강하게 변한다.
아이의 자신감과 자존감이 높아진다.
아이의 정서가 안정된다. 성적이 향상된다.

아이의 강점을 키워주는 대화법

첫째, 아이의 강점을 자세히 말한다. 자세하게 말해줄수록 좋다. 아이가 손을 씻을 때 비누칠을 하면서 물을 잠그면 "물을 아껴 쓰는 좋은 습관이 있네"라면서 칭찬한다. 강점을 자주 이야기를 해주면 아이의 가치관도 바뀌어 비관에서 낙관으로, 부정에서 긍정으로 변한다. 이는 서로의 장점을 이야기하는 '말놀이'로 연습할 수 있다. '이런 것도 장점이 될까?'라는 의문이 들 만큼 사소하고 평범한 것부터 시작한다. 자신의 장점을 쭈뼛거리면서 말하지 못하는 아이라면 엄마의 장점 한 번, 아이의 장점 한 번씩 번갈아 말하는 식으로 시도하면 아이가 쉽게 따라 할 수 있다. 아이의 말문이 훨씬 수월하게 열린다. 이처럼 꼬리에 꼬리를 물고 이어지는 장점 릴레이는 즐겁게 아이의 강점을 키우는 데 도움이 된다.

둘째, 아이에게 고마운 점을 말한다. 아이에게 마음에서 우러나오는 고마움을 표현한다. 기억에 남은 사건을 떠올려 있는 그대로 묘사한다. 감사를 표현하는 대화 훈련은 3가지 점에서 매우 유용하다고 한다.

감사 대화 훈련의 3가지 좋은 점

첫째, 감사의 대화는 일상생활이 만족스럽고 행복해진다.
둘째, 감사의 대화는 화가 날 때도 차분하게 이야기할 수 있다.
셋째, 감사 연습은 화가 올라오는 일들을 줄어들게 한다.

셋째, 아이의 행동이 부모의 삶에 미친 좋은 영향력을 아이에게 말해준다. "퇴근하고 왔을 때 네가 저쪽에서부터 뛰어와서는 반갑게 안아줘서 기분이 좋았어. 얼굴을 비비고 안겨서는 '보고 싶었다'고 말했을 때 정말 행복했어. 오늘 일이 많이 힘들었는데 네 덕분에 힘이 생겼어. 사랑받고 있다는 것을 깨달았거든." 누구나 의미 있는 존재가 되고 싶어 하며, 아이들도 부모에게 그렇다. 아이들은 언제나 부모를 기쁘게 해주고 싶어 한다. 부모의 이런 표현은 아이들에게 자신의 행동이 엄마 또는 아빠에게 의미가 있다는 것을 알려준다. 그래서 자신이 좋은 영향을 주었다는 것에 기쁨을 느낀다.

강점의 말이 아이를 바꾼다

자신이 장점이 많다는 사실을 알면 다른 사람의 사소한 부분도 장점으로 보고 장점을 칭찬할 수 있는 사람으로 성장한다. 아이의 강점을 이야기해준다고 해서 거짓을 말하는 것은 아니다. 아이가 일상에서 너무나 잘하고 있어서 당연했던 부분을 이야기하면 된다. 거창한 일이 아니다. 아이와 이런 대화를 나누면 아이의 자존감이 커진다. 아이도 자신을 현실적으로 바라보고, 동기를 부여하며, 가능성이 열린다. 아이가 자신이 잘하고 좋아하는 일을 하며 살아갈 수 있다면 그 아이의 인생은 성공이다. 부모의 가장 중요한 역할은 아이가 좋아하는 것을 발견해주고 지지하며 지원해주는 것이다. 그러면 아이는 삶의 열정을 느끼며 인생이 풍요로워진다.

강점 알아보기 사이트

1) 커리어넷 : www.career.go.kr(유아 및 초등)

아이의 강점 지능을 알아볼 수 있는 교육부에서 제공하는 직업 적성 검사

2) 갤럽 강점 검사: www.gallup.com(유료)

리서치 회사로 잘 알고 있는 갤럽이라는 회사에서 만든 것. 정식 명칭은 클리프턴 강점 검사

3) 간단 테스트: 《똑똑한 엄마는 강점 스위치를 켠다》의 테스트법

"나는 아이의 강점을 기반으로 양육하는 부모일까?"라는 질문에 답하기

각 문장을 읽고 가장 근접한 답을 선택해보라.

1. 그렇지 않다 2. 그렇지 않은 편이다 3. 중간 정도다 4. 그런 편이다 5. 전적으로 그렇다

나는 자녀의 강점을 쉽게 발견한다.	1 2 3 4 5
나는 자녀가 어떤 활동을 좋아하는지 안다.	1 2 3 4 5

나는 자녀가 무엇을 잘하는지 안다.	1 2 3 4 5
나는 자녀의 주요 강점을 제대로 인지하고 있다.	1 2 3 4 5
나는 무엇이 자녀의 활기를 북돋는지 안다.	1 2 3 4 5
나는 자녀가 잘하는 것을 쉽게 파악할 수 있다.	1 2 3 4 5
나는 자녀에게 자신의 강점을 활용할 기회를 주기적으로 준다.	1 2 3 4 5
나는 자녀가 잘하는 것을 할 수 있도록 격려한다.	1 2 3 4 5
나는 자녀에게 자신의 강점을 활용할 수 있다고 말해준다.	1 2 3 4 5
나는 다양한 상황에서 감정을 활용하는 방법을 자녀에게 적극적으로 알려준다.	1 2 3 4 5
나는 자녀가 좋아하는 일을 하도록 격려한다.	1 2 3 4 5
나는 자녀가 자신의 강점을 활용하는 데 도움이 될 방법들을 생각한다.	1 2 3 4 5
나는 자녀가 활력을 느끼는 활동을 하도록 격려한다.	1 2 3 4 5

아이의 참을성을 키워줄 수 있는 말을 한다

아이가 원하는 것을 마음껏 해볼 수 있도록 하는 것은 중요하다. 아이의 자율성과 동기 부여에 확실한 방법이기 때문이다. 하지만 건강한 사회인으로 커나가기 위해서는 욕구를 조절할 줄 알아야 한다. 그러려면 자신을 통제할 수 있는 사회성 훈련이 필요하다. 어린 시절의 자기 조절력은 성인이 돼서도 참을성과 끈기를 발휘할 수 있도록 해주므로 책임감 있는 어른으로 자란다. 그러므로 자기 조절력은 아이의 성장에 있어서 매우 필요하다. 부모는 아이에게 세상에는 자신이 선택할 수 없는 것도 있다는 사실을 가르쳐줘야 한다. 그리고 아이가 옳지 않은 선택을 하면 부모가 엄격하게 가르쳐야 한다.

아이의 자기 조절력이 중요한 이유

흔히 사람들과 잘 어울리고 양보하며 배려를 잘하는 행동을 사회성이라고 생각한다. 그러나 자신이 해야 할 일은 하고, 하지 말아야 할 일은 하지 않는 행동이 중요하다. 사회적으로 용인되는 행동을 하고 반사회적인 행동은 해서는 안 되는 것이 사회성의 근본이다. 하고 싶지만 참아야 할 일, 절대 하면 안 되는 일 등을 구분해서 행동할 줄 아는 것이다. 사회성은 정해진 규칙 안에서 절제하는 능력이기 때문에 이것은 자기 조절력과 연관이 깊다.

2012년 미국 워싱턴 의과대학의 연구팀에서 3~6세의 아동 92명을 대상으로 실험을 했다. 아이와 엄마를 선물 상자가 있는 방으로 안내하고, 아이에게 엄마가 문서를 작성하고 나면 선물 포장을 풀어도 된다고 말했다. 대개 아이는 원하는 것을 즉시 하고 싶어 하는데, 충동을 조절하도록 실험한 것이다. 중요한 것은 엄마가 아이에게 보이는 반응이다. 엄마가 아이에게 보이는 반응은 두 가지였다.

엄마의 반응 방식에 따라 엄마들을 두 그룹으로 나누었다. 자녀가 선물 포장을 풀고 싶은 충동과 감정을 조절하도록 안심시키고 도움을 준 엄마는 양육 그룹으로 정했다. 반대로 자녀를 무시하거나 성급하게 야단친 엄마는 대조 그룹으로 분류했다. 양육 그룹의 엄마 밑에서 자란 아이와 대조 그룹의 엄마 밑에서 자란 아이에는 차이가 있었다. 4년 후, 어떤 차이를 보이는지 기억, 대조 기능의 뇌를 살펴보았다. 양육 그룹의 아이들은 정서적으로 안정되어 있었고, 해마의 크기도 또래 아이들보다 더 컸다. 부모의 안정된 육아는 아이의 뇌를 더 건강하게 발달한다는 사실을 보여주는 과학적 증거다.

미국 〈생물정신의학 저널〉의 논문에 의하면, 유아기의 스트레스가 아이의 두뇌 발달을 저해한다고 한다. 위스콘신 대학교 매디슨 캠퍼스 심리학과의 세스 폴락 교수의 연구 결과에 따르면, 2~4세의 만성적이고 강도 높은 스트레스는 아이가 성인이 될 때까지 악영향을 미친다고 한다. 연구팀은 유아 시절 스트레스를 경험한 12세 전후의 어린이 128명을 관찰했는데, 상당수는 유아 시절에 육체적 학대를 당했다. 연구팀은 이 아이들을 유아 시절에 학대 경험이 없는 아이들의 두뇌 사진과 비교를 했다. 학대 경험이 있는 아이들의 뇌는 학대 경험이 없는 아이들에 비해 해마와 편도체가 작은 것으로 나타났다. 편도체는 해마의 끝부분에 달린 아몬드 모양의 뇌 부위로 감정을 조절하며 학습과 기억에도 중요한 역할을 한다. 해마와 편도체가 작다는 것은 결국 학습 능력이 일반 아이들보다 떨어질 수 있다는 뜻이다. 이렇게 엄마의 양육 행동이 아이의 뇌 발달과 상관관계가 있으므로 아이의 미래는 양육자에 의해 만들어진다.

아이의 자기 조절력을 키우는 법

자신의 감정을 조절하는 능력은 사회성과 연관이 있다. 어른이라도 표정에 감정을 고스란히 드러내는 사람이 있다. 그 사람의 표정만 봐도 현재 기분이 어떤지 알 수 있다. 대부분의 어른은 속으로는 싫어도 겉으로는 좋은 척하며 불쾌해도 편안한 표정을 지을 수 있다. 자신의 감정과 말, 행동을 조절할 수 있기 때문이다. 이것이 바로 자기 조절력이다. 자기 조절력이 좋아야 사회에서 환영받는 성인이 된다.

미국 신경과학자 에린 클래버는 용돈을 계획적으로 쓰는 훈련을 하면 공부도 계획적이고 효율적으로 하게 된다고 했다. 아이의 생활이 전반적으로 더 성실해지는 것이다. 용돈 쓰기를 통해 자기 통제력을 키우면 그것이 공부와 생활 문제까지 개선한다는 말이다. 한 분야에서 강화된 의지력이 다른 분야로 파급되므로, 어릴 때부터 바른 자세나 방 정리 등 생활에서의 의지력을 길러주면 결국 공부 의지력으로 발전한다.

아이의 자기 조절력을 길러주기 위해서는 첫째, 아이가 평소 좋은 습관을 갖게 한다. 습관은 제2의 천성이라고 하므로, 학교 숙제 준비물 등을 스스로 챙길 수 있도록 하여 근면성을 길러준다. 또한 짧은 시간이라도 복습과 예습을 할 수 있도록 습관을 만들어준다. 좋은 습관을 키우면 주도적으로 공부할 수 있기 때문이다. 특히 일관성을 가지고 실행할 수 있도록 하면 규칙과 자기 조절력을 배울 수 있다.

둘째, 기본 예절을 가르친다. 사회에서는 하면 안 되는 일이 정말 많다. 그런데 사람은 하면 안 되는 일에 오히려 더 많은 유혹을 느낀다. 옳고 그름을 제대로 판단하는 아이로 키우기 위해서는 옳은 일과 그른 일을 가르쳐주어야 한다. 예절에는 하면 안 되는 일이 포함되어 있다. 아이에게 기본 예절을 가르쳐야 하는 이유다. 자기 조절력을 관장하는 뇌를 발달시키기 위해서는 억제 신경회로를 만들어줘야 한다. 생후 15개월부터 가능하다. 아이가 알아듣는 수준에서 조금씩이라도 가르치면 된다. '하고 싶지 않지만 해야 할 일'에 대한 감각을 익힐 수 있다. 자기 조절력이 훈련되어 있어야 초등학교의 수업 시간 40분을 꾹 참고 앉아 있을 수 있다.

셋째, 안 될 때는 안 된다고 정확히 가르친다. 자기 조절력은 자기 자신과의 문제를 넘어 타인과의 관계 형성에 영향을 미치며 이는 곧 사회 적응력으로 연결된다. "하고 싶다고 해서 마음대로만 할 수는 없는 거구나"라는 좌절감이 아이를 성숙하게 한다. 아이가 떼를 쓰면 주위의 시선이 무서워서 "진짜 오늘만이야"라며 아이의 요구를 들어주는 엄마들이 많다. 아이는 이런 경험을 통해 울면 된다고 학습한다. 그러면 점점 커가면서 자기 멋대로 하다가 비난과 지적을 받는다. 지적받는 아이는 일상생활이 즐거울 수 없고, 자존감과도 연관된다. 그러므로 자기 조절력은 옳고 그름을 제대로 판단해서 실천할 수 있게 돕는 장치다.

아이의 자기 조절력을 키워주는 대화법

첫째, 옳다고 생각하는 방향으로 대답할 수 있도록 열린 질문을 던진다. 세상이 필요로 하는 리더의 요건은 '기본을 갖춘 사람'이다. 그러므로 아이를 리더로 키우고 싶다면 작은 것에서 소홀함이 없도록 한다. 유아기부터 엄마가 말로 다져주어야 하는 것이다.

우리가 기본 예절을 지켜야 하는 이유는 무엇일까?
공중도덕에는 무엇이 있을까? 왜 필요할까?
친구들과의 약속을 지키는 일이 왜 중요할까?
우리가 교통 규칙을 지키지 않으면 어떻게 될까?

둘째, 행동의 결과를 예상해보게 한다. 미국 교육 분야의 저술가 로리 샤이킨드 맥널티는 결과를 예상하는 습관을 추천했다. 아이에게 아이의 말과 행동으로 주변의 상황이 좋아질지, 나빠질지 미리 예상해보도록 하는 것이다. 예를 들어 "내가 이 말을 하면 좋은 일이 생길까, 아니면 나쁜 일이 생길까?"라고 스스로 질문하도록 한다. 결과를 미리 생각한 후에 말하고 행동하는 연습을 하는 것이다. 반복해서

학습되면 무의식적으로 연습했던 식으로 행동하게 된다.

행동 결과 예상하기 - 이 행동을 하면 좋을까, 나쁠까?

행동의 긍정적 결과	행동의 부정적 결과
새치기를 한다. → 가장 먼저 한다. 빨리 할 수 있어서 좋다.	새치기를 한다. → 기다려야 해서 심심하다. 다투게 된다.
쉬는 시간에 크게 노래를 부른다. → 아이들을 웃길 수 있다.	쉬는 시간에 크게 노래를 부른다. → 시끄럽다며 괴로워하는 친구가 생긴다.
엄마가 통화할 때 끼어든다. → 내 말을 할 수 있어서 속이 시원하다.	엄마가 통화할 때 끼어든다. → 야단맞을 수 있다.
복도를 뛰어다닌다. → 신난다.	복도를 뛰어다닌다. → 선생님께 혼날 수 있다. 부딪힐 수 있다.

자기 조절력의 힘

자기 조절력은 하고 싶지만 참아내는 힘이다. 친구의 장난감을 빼앗고 싶지만 '안 되는 일이야'라고 생각하고 참거나, 새치기를 하고 싶지만 친구의 기분이 상할 테니 기다리거나, 화가 나서 싸우고 싶지만 참는 행동 모두 자기 조절력에서 나오는 것이다. 자기 조절력은 사람을 사람답게 만드는 힘이다. 사람은 사회적인 동물이므로 타인과 더불어 산다. 아이들은 가장 중요한 가치가 무엇인지 알면 참을 수 있다. 일상에서 단련된 의지력은 자기 조절력을 강화시키고, 강화된 의지력은 공부할 때나 감정을 조절해준다.

아이의 자기 조절력을 높이는 부모 말투

이 행동의 결과를 먼저 생각해보자!

천천히 숨을 다섯 번 쉬어볼까?

친구의 한마디에 기분이 상하면 네가 손해야. 너의 마음을 지켜.

지금 느끼는 슬픔은 10단계 중 몇 단계 정도 되는 것 같아?

가장 좋아하는 것 세 가지만 떠올려보자.

몸을 움직여볼까? 기분이 좋아져. 이 방법은 어떨까? 한번 해볼까?

친구랑 놀고 싶은데 친구가 원치 않으면 어떻게 해야 할까?

친구들에게 명령하고 건 네가 할 일이 아냐. 말투를 바꿔보자.

다른 좋은 방법은 없을까? 다른 방법도 있지 않을까?

누구나 실수해. 문제점을 찾고 고치면 돼. 문제점을 같이 생각해보자.

어려운 상황에서도 자신의 감정을 이해하고 조절하는 법을 배울 수 있어.

넌 너의 감정을 솔직하게 표현하고 다룰 수 있어.

힘들 때는 좀 쉬어도 괜찮아. 몸과 마음을 휴식시키는 것도 중요해.

어려움 속에서 성취할 수 있는 것을 찾아내면 자신감을 회복할 수 있어.

어려운 일이라도 우선 해결해야 할 부분을 찾아내고
순서대로 해나가면 할 수 있어.

아이가 자신을 객관적으로 볼 수 있도록 말한다

메타인지는 '자기 인지' 또는 한 차원 높은 시각에서 생각하는 '인지의 인지'를 의미한다. 소크라테스의 "너 자신을 알라"가 바로 메타인지로, 자신이 무엇을 알고 무엇을 모르는지 아는 것이다. 즉, 자신의 생각, 지각, 기억, 감정 등에 대한 인식과 이해다. 사고하고, 학습하고, 문제를 해결하며, 조절하고, 목표를 설정하는 방법을 이해하고 개선하는 능력을 효과적으로 관리하고 제어하는 것이다. 메타인지력이 높으면 인지 과정을 지속적으로 감시하고 조절할 수 있다. 타고난 지능은 높이기 어렵지만, 메타인지는 훈련을 통해 크게 향상할 수 있다.

메타인지 연구

메타인지는 발달심리학자인 존 플라벨이 1970년대에 창안한 용어로, 자신의 생각이나 지식에 대해 자체 검증을 거치는 것이다. 메타인지 능력이 뛰어나면 적절한 도전을 거쳐 빠르게 학습할 수 있다. 예를 들어 아이가 수영을 배웠다면 "내가 100미터를 완주할 수 있을까?"를 생각하고, 완주할 수 없겠다는 결론이 나오면 자신의 체력과 기술, 연습량 등을 살핀다. 그리고 무엇이 부족한지 알아내고 원인을 판단하는 것이 메타인지다. 메타인지 능력이 높을수록 자신의 능력과 한계를 정확히 파악하고 시간과 노력을 적절하게 효율성 높게 투자할 수 있다.

EBS 다큐멘터리에서 상위 0.1% 학생들과 일반 학생과의 차이점을 알아보기 위한 실험을 진행했다. 수능 전국 모의고사 석차 0.1%의 800명 학생과 평범한 학생 700명을 나누면, 대부분 IQ나 집안 환경, 재력 등에 차이가 있을 것이라고 생각했다. 그런데 결과는 예상과 달랐다. 두 그룹의 학생들에게 일정 시간을 주고 단어를 외우게 했다. 얼마만큼의 단어를 외웠는지 확인하는 것처럼 보였지만 사실은 몇 개나 못 외웠는지 질문했더니 그 차이가 확연히 드러났다. 상위 0.1%의 학생들은 자신이 모르는 개수를 정확하게 알고 있었지만, 다른 그룹 학생들은 몇 개를 모르는지 제대로 알지 못했다. 여기서 드러난 차이점이 바로 메타인지력이다.

메타인지를 통해 현재 자신의 능력 상태를 객관적으로 바라볼 수 있다. 자신에게 지금 어떤 노력이 필요한지 빠르게 파악해서 얼마만큼의 노력과 시간을 기울여야 할지 판단하고 효율성이 높아지는 방법을 찾는다. 자신의 강점과 약점, 일의 성격과 사용 가능한 자원이 무엇인지 알면 목표 달성에 도움이 되며, 다양한 유형의 학습 상황에 문제 해결과 자기 조절 등 유용하게 활용할 수 있다.

높은 수준의 메타인지력을 갖추면 효율적이고 빠르게 목표를 달성할 수 있다. 메타인지의 지식 유형에는 3가지가 있다.

❶ 서술 지식 (declarative knowledge)	학습하는 부분에 관해 얼마만큼의 지식과 능력을 가졌는지 아는 능력
❷ 절차 지식 (procedural knowledge)	어떤 일이 발생하는 과정을 이해하고 그 이해의 정도를 정확히 아는 능력
❸ 전략 지식 (conditional knowledge)	지식 습득 방법 중 어떤 방법을 선택해야 하는지 아는 능력

아이의 메타인지력이 좋아지면 나타나는 효과

첫째, 효과적으로 학습 전략을 개선시킬 수 있다. 메타인지력은 자신의 위치를 파악해 효과적으로 학습 전략을 세울 수 있게 한다. 이렇게 구체적으로 계획을 세우면 실행 가능한 방법을 하나하나 수행하며 문제를 해결해갈 수 있으므로 효율이 극대화된다. 예를 들어 한국사 공부에서 고대사 부분은 잘 알지만 근현대사 부분은 잘 모르고 있다는 것을 파악했다면, 근현대사 부분을 집중해서 공부할지, 아니면 여러 차례에 걸쳐 나누어서 들여다볼지 전략을 세우는 것이다.

메타인지력을 탄탄하게 갖춘 학생은 인지 및 학습 과정을 유연하게 통제할 수 있어서 효율적으로 공부한다. 정답을 맞혔다는 데 의의를 두기보다는 모르는 부분에 집중한다. 학습 과정에서 문제가 없었는지, 문제 해결에 공부 방법을 적용할 수 있는지 등등 스스로에게 의문을 품고 자신의 기억력과 판단력을 객관적으로 체크한다. 메타인지 역량이 높은 학생은 자기 능력과 한계점을 명확하게 알기 때문에 시간을 더욱 효율적으로 사용할 수 있다.

둘째, 효과적으로 자기 조절력을 강화시킬 수 있다. 자신의 감정,

행동, 사고 과정을 인지하고 이해하는 능력이 생겼기 때문이다. 하고 싶지 않지만 해야 하는 일은 참고 해내게 이끈다. 메타인지가 낮으면 스스로 객관적인 평가를 하지 못해 쉽게 좌절하고 실수를 반복한다. 메타인지가 높은 사람은 실패를 객관적으로 파악하고 인정하며 극복할 수 있다.

셋째, 효과적으로 자기 효능감을 높일 수 있다. 메타인지력은 아이들의 자기 효능감을 향상시키는 데 도움을 준다. 자신의 능력과 한계를 인식하면 성취 가능성을 믿고 자신의 능력을 더 발전시키며 자신감을 갖고 새롭게 도전하게 한다. 또한 긍정적 태도로 자신과 다른 사람들 간의 상호작용을 이해하고 조절하기 때문에 사회에서 적응도 빠르다. 자신의 생각과 타인의 관점을 모두 이해할 수 있기 때문이다. 자신의 행동을 조절하고 사회적 상황에 적응할 수 있는 능력이 향상되어 타인과의 관계도 원만해지면 자기 효능감은 더욱더 올라간다.

아이의 메타인지를 높이는 방법

메타인지 능력은 IQ처럼 타고난 것일까? 연구 결과에 따르면 훈련만으로도 충분히 강화될 수 있다고 한다. 스완슨은 메타인지가 문제 해결에 어떻게 영향을 미치는지 이해하기 위해 5학년과 6학년 아이들의 문제 해결 능력을 비교했다. 아이들에게 간단한 과제를 주고 아이들이 메타인지 지식을 어떻게 사용하는지 평가했다. 메타인지에 관한 지식이 높은 아이들이 IQ나 사전에 갖고 있는 지식의 양과 관계없이 더 효과적으로 문제를 해결한 것으로 보고되었다. 메타인지적 전략을 활용하는 학생들은 문제 해결 과정에서 효과적으로 계획하고 조절할 수 있었다.

첫째, 메타인지력은 부모와 아이의 대화를 통해 높아진다. 아이들에게 메타인지적 질문을 유도하면, 아이는 자신을 객관적으로 인식하고 공부 과정을 이해할 수 있다.

메타인지력을 높일 수 있는 대화법

1) 공부 면에서: "어떻게 공부하는 게 좋을까?"

부모: 어떤 공부 방법이 너에게 가장 효과적일까? 어떤 방법이 좋으니?

아이: 저는 노트에 내용을 반복해서 쓰면서 공부하는 게 좋아요.

부모: 그렇게 하면 집중이 더 잘되는구나. 그런데 그러면 시간이 많이 걸릴지도 모르겠다. 네 생각은 어때? 쓰는 것이 집중력에 더 도움이 되니?

아이: 시간을 정해놓고 쓰면 집중이 잘돼요. 글씨를 쓰기만 하면 집중력이 떨어질지도 모르니까 내용을 적으면서 소리 내어 말해볼게요.

부모: 그것도 좋은 방법이네. 덜 지루할 것 같아.

2) 문제 해결 면에서: "어떻게 문제를 해결해볼까?"

부모: 이 문제를 해결하려면 뭐가 필요할까? 어떤 생각을 해봐야 할까?

아이: 우선 인터넷으로 검색해봐야겠어요. 비슷한 문제들이 나와 있을 수 있으니까요.

부모: 그래, 우선 다른 사람들이 어떻게 했는지 한번 찾아보자. 좋은 생각이네.

아이: 검색해도 안 나오면 직접 전화를 해서 물어볼게요. 다양한 방법을 시도해봐야겠어요.

3) 목표 설정 면에서: "오늘은 어떤 목표를 세워볼까?"

부모: 오늘은 어떤 공부를 해볼래? 오늘도 하루 목표를 정하고 이루어볼까?

아이: 수학 문제 10개 푸는 거랑 영어 단어 30개 외우기 해보고 싶어요.

부모: 좋아, 목표는 수학 문제 10개, 영어 단어 30개구나. 시작하기 전에 어떤 공부를 먼저 하면 좋을지 생각해보자. 어떤 것부터 시작하면 좋을까?

아이: 수학부터 시작할래요. 시간을 정하고 풀면 집중이 잘돼요. 바로 시작할게요.

둘째, 아이에게 심리적 안정과 피드백을 제공하면 메타인지력이 높아진다. 부모가 실패를 부정적인 것으로 보지 않고 성장의 기회로 여기면 아이는 심리적인 안정을 갖고 생각할 수 있다. 아이들은 이 경험을 통해 자신의 과정을 검토하고 개선할 방법을 생각한다. 부모에게서 받은 사랑의 힘은 생각보다 강력하다. 아이가 느낀 사랑이 곧 아이의 자존감이며 안정감이 된다. 메타인지력이 상승되어 이것이 탄탄하게 자리 잡으면 공부와 일의 능력도 따라온다.

메타인지 능력을 키우는 엄마의 말

메타인지는 자신이 무엇을 알고 모르는지에 대해 아는 것에서부터 시작한다. 자신이 모르는 부분을 보완하기 위한 계획과 그 계획의 실행 과정, 그에 대한 평가까지 모든 과정에서, 이 능력이 뛰어난 사람은 전체에 대한 이해와 평가가 가능하므로 어떠한 구체적 활동과 능력이 필요한지 안다. 그리고 이런 지식을 기반으로 효과적인 전략을 선택하여 적절히 사용할 수 있다. 어떤 일을 할 때 자신의 집중력이 흐트러지는 때와 그 요인을 알면, 이를 개선하기 위해 적절한 전략을 사용할 수 있다. 또한 자신의 학습 방식을 파악하고 효율적인 학습 전략을 선택한다. 메타인지력은 학업, 직장, 사회적 상황 등 다양한 측면에서 유용하게 활용될 수 있다. 아이는 이 과정에서 부모와의 대화를 통해 메타인지 능력이 상승하며 이는 성공을 위한 중요한 요소다.

메타인지력을 키우는 엄마의 말

네가 한번 찾아볼래? 도움이 필요하면 엄마가 언제든지 도와줄게.

우리 딸은 공룡 전문가지! 엄마는 잘 모르는데 엄마한테 설명 좀 해줄래?

수학 박사님! 동생이 이 문제 잘 못 풀겠다는 데 좀 도와주시겠어요?

이 글 어디서 봤더라? 지난번에 엄마가 읽어준
신문 기사에서 나왔던 것 같은데?

어제 읽은 책에 나왔던 거다. 이 그림 설명에 뭐라고 적혀 있는지,
한번 읽어볼래?

여기 나온 이 단어, 엄마도 말로 설명하기가 힘드네.
국어사전 한번 찾아볼까?

이거 공부해보면 재미있을 것 같지 않아? 네 생각은 어때?

넌 이거 어떻게 생각해? 어디에서 좋은 정보를 찾아볼 수 있을까?
한번 찾아보자.

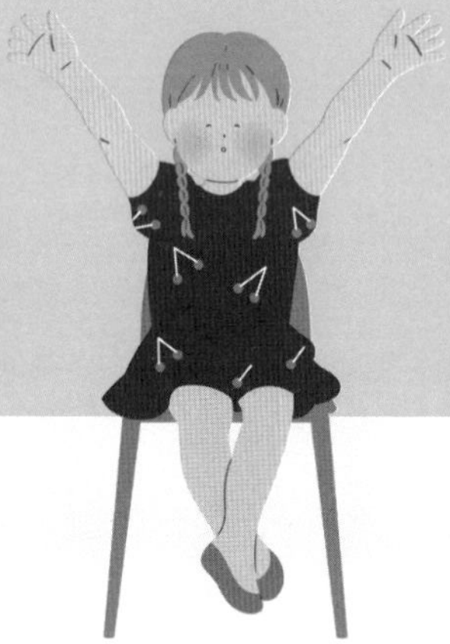

4장

아이의 성적을 높이는 말투

엄마의 기분 좋은 말투가 행복한 아이를 키우는 핵심이 된다

모든 부모는 아이에게 최고의 공부 환경을 만들어주고 싶어 한다. 엄마의 행복한 모습이 어떤 환경보다도 중요하다. 이때 부모가 자신의 스트레스를 관리하지 않으면 아무것도 좋아지지 않는다. 스트레스는 극심한 정신적 압박 상태로, 무거운 쇳덩이에 짓눌리는 답답한 느낌이다. 엄마의 스트레스가 심하면 아이도 문제를 일으킬 확률이 높다. 부모의 노력이 부모를 변화시키고, 그 변화가 아이를 멋지게 키워낸다. 자녀의 변화를 이끌기 이전에 부모가 먼저 변하는 것이 필요하다.

엄마의 스트레스를 관리해야 하는 이유

존 메디나는 저서 《브레인 룰스》에서 계속되는 스트레스 호르몬은 해마의 기능을 저해하여 해마 내의 세포를 약화시킨다고 설명했다.

새로운 뉴런의 발생도 막는다. 장기간의 스트레스는 사람을 우울하게 만들고, 우울한 상태에서는 제대로 된 사고가 어렵다. 감정도 제어되지 않는다. 기억, 언어, 양적 추론, 유동 지능, 공간 지각에 대한 통제력이 약해진다.

아이들에게도 여러 가지 스트레스가 있는데 가장 큰 스트레스는 무엇일까? 친구 관계와 학업 부담 등도 스트레스의 원인이지만 더 중요하고 근본적인 것은 부모의 스트레스다. 엄마의 스트레스는 아이에게 직접 전달되어 피할 수 없는 고통이 된다.

엄마의 스트레스는 아이의 지적 능력을 훼손한다. 임산부가 스트레스를 받으면 태아도 스트레스에 노출된다. 〈사이언스 데일리〉는 산모의 스트레스에 따라 유아의 정서 발달과 뇌 영역에 변화를 유발한다는 연구 결과를 발표했다. 영국 에든버러 대학에서 아기의 뇌 발달과 산모의 스트레스 사이에 어떤 관계가 있는지 연구했다. 산모의 코르티솔 호르몬 수치를 관찰했다. 이 호르몬은 스트레스에 반응하여 수치가 오른다. 연구팀은 산모의 코르티솔 수치가 아이의 편도체 발달에 영향을 주는 것을 밝혀냈다. 편도체는 아이의 행동 발달과 감정 조절 능력까지 영향을 준다.

아이가 크고 나면 엄마의 스트레스로부터 자유로워질까? 아이가 성장해도 엄마의 스트레스는 아이에게 직접 전달된다. 싱가포르의 난양 공과대학 연구팀은 육아 스트레스가 적은 어머니일수록 자녀에게 잘 공감할 수 있다고 발표했다. 과도한 육아 스트레스가 엄마의 감수성을 차단한다는 것이다. 이는 부모와 자녀 관계에 부정적인 영향을 미치고, 스트레스로 인해 엄마의 공감력이 낮아진다. 결국 부모와 아이의 관계 악화로 이어진다.

미국 워싱턴 주립대학의 연구팀은 만 11세 이하의 어린이들과 부모 107명을 대상으로 실험을 진행했다. 참가자들을 스트레스를 겪는 그룹과 겪지 않는 그룹으로 나누고, 한 그룹에는 심리적 혹은 생리적인 압박을 준 후 실험 전후의 심리적 상태와 생리적 반응을 측정했다. 그 결과, 엄마가 받은 스트레스를 아이들이 감지한다는 것을 알아냈다.

엄마의 스트레스는 아이에게 고스란히 전달되므로 엄마의 스트레스를 줄여야 아이의 스트레스가 낮아진다. 흥미로운 점은 아빠의 스트레스는 아이에게 크게 영향을 미치지 않았다는 점이다. 아이가 아빠보다는 엄마에게 더 높은 일체감을 느끼기 때문이다. 엄마가 슬픈 표정이면 아이도 공부에 집중할 수 없다. 엄마의 스트레스가 먼저 관리되어야 하는 이유다. 그러므로 아이를 위해서라도 엄마가 행복한 말을 많이 해야 한다.

아이의 스트레스를 줄이는 엄마 말

엄마는 오늘 기분이 좋다.
엄마는 요 며칠 행복해.
요즘 힘든 일도 있지만 엄마는 내 인생이 참 재밌어.
엄마는 요즘 일이 너무 재밌어.
엄마는 내 엄마 인생이 너무 좋다.

자신이 어떤 사람인지를 아는 것은 본능에서부터 시작된다. 프로이트의《꿈의 해석》에서는 본능이란 태어날 때부터 갖고 있는 원초적이고 본성적인 욕구로 생존 및 성적인 충동을 포함한다. 자아는 정신의 중심에 위치한 실질적인 나 자신으로, 본능적인 욕구와 현실적인 요구, 사회적인 규칙 사이에서 중재자의 역할을 한다. 인간은 자아와 본능을 조율하며 상호작용하면서 살아간다.

자아와 본능은 항해사와 파도와 같은 관계다. 항해사는 바다를 건너기 위해 배를 조종하면서 바다의 상황을 항상 고려해야 한다. 본능은 자연적이고 원초적인 힘으로, 배를 흔들어 힘들게 만들 수 있다. 항해사는 자아의 판단을 통해 파도를 인식하고 배를 조종하여 안전하게 항해한다. 즉, 자아는 본능과 현실 사이에서 균형을 유지하며 안전하게 목적지를 향해 간다.

엄마의 본능이라면 흔히 모성애를 생각한다. 인간이 살면서 가장 힘을 들이고 공을 들여야 하는 일이 사람을 키우는 일이다. 그렇기에 육아가 중요하다. 엄마는 아이를 낳아 잘 자라도록 챙기고 보듬고 가르치는 일에 가장 비중이 큰 사람이다. 아이를 가진 순간부터 그 아이가 커서 같이 늙어가는 처지가 되어도 엄마는 단 한 순간도 엄마에서 벗어날 수 없다. 그렇다고 이 감정을 누가 제대로 알아주지 않아서 깊은 자신의 감정을 끄집어내어 대화를 나누어본 경험이 별로 없다.

엄마는 세상 누구보다 큰 공감을 필요로 한다. 직장은 쉬는 날이 있지만 엄마라는 직업은 24시간, 365일 돌아간다. 밤에 잠을 자다가도 아이가 아프기라도 하면 바로 출동이다. 연장 근무에 잔업은 필수다. 아이와 관련한 육체적, 정신적, 심리적 노동은 죽을 때까지 계속된다. 그리고 이런 일이 엄마니까 당연하다고 생각하기에 누구에게서도 속 시원하게 공감을 얻기가 쉽지 않다. 필자도 두 아이의 엄마로서 늘 감사한 마음으로 긍정하며 삶을 예쁘게 꾸리려 애쓰지만, 어쩔 수 없는 경우들이 생긴다. 어떤 날은 하루에도 수십 번씩 마음속에서 무언가가 오르락내리락한다. 이럴 때 스스로와 공감하고 소통하는 방법을 알면 자기 자신을 잘 다스릴 수 있다.

엄마, 자신에 대한 공감 대화법

자신과의 소통부터 바꿔야 한다. 가장 좋은 방법이 자신과 대화하는 법을 배우는 것이다. 엄마가 자신과 편안한 공감이 이루어지지 않으면 아이와의 공감 대화가 더 어렵다. 공감 소통은 자신의 마음을 먼저 알아차려야 그 감정을 전달할 수 있다. 순간적인 감정 포착도 자신의 욕구를 파악해야 가능하다. 자신에게 공감하지 못하는데 아이에게 공감할 수 있을까? 엄마 자신에 대한 자연스러운 자기 공감이 아이에게도 흘러간다. 엄마의 감정이 직접적이든 간접적이든 고스란히 아이에게 전해지는 것이다.

나 자신과 공감하려면 가장 먼저 내 안에서 일어나는 감정을 인지한다. 오롯이 '나'를 인식하고 나에게 공감하는 대화법을 익힌다. 물론 단번에 자신의 욕구와 감정을 알아차리기는 쉽지 않지만, 감정 인지 능력은 훈련할 수 있다.

엄마 감정 인지하기(내 감정과 마음은 어떠한가?)

나는 지금 어떤가? 어디 불편한 곳은 없는가?

내 마음은 어떤가? 마음 상태가 좋은가?

내가 지금 가장 바라는 것은 무엇인가?

내가 지금 하고 싶은 말을 무엇인가?

내가 드러내고 싶은 것은 없는가?

사소한 것이지만 감사할 것은 없는가?

자신의 감정에 집중하고 인정한다. 그렇게 감정을 인정하면서 자연스럽게 자신을 인지한다. 생각하는 그대로의 감정과 느낌을 글로든 말로든 표현하면서 자연스럽게 자신과의 대화를 이어간다. 그렇다고 누군가가 듣고 생각을 덧대거나 평가하거나 비난하지 않는다. 내 안의 욕구가 그대로 드러나지만 공개되지 않으니 솔직하게 대화를 나눠야 한다. 자기중심적이어도 괜찮고, 방어기제를 사용해도 괜찮다. 무엇보다 스스로를 위로하고 격려하고 공감하면서 응원하도록 노력한다.

자기 공감이 되면 눈만 마주쳐도 아이의 마음을 읽어내는 좋은 엄마가 될 수 있다. 필자도 아이를 낳기 전에 미리 자신을 돌아보면 좋았을 것이라고 후회할 때가 있다. 타고난 기질의 정서적 욕구를 채워주었으면 아이의 욕구와 감정도 훨씬 더 잘 인지했을 것 같아서다. 그렇지 않으면 마음과 다르게 표현할 테고, 아이와의 관계는 틀어질 수밖에 없다.

행복한 엄마, 최고의 공부 환경

부모들은 좋은 학습 환경의 조건을 인테리어와 혼동한다. 거실의 TV를 치우고 벽에 책을 가득 채우면 성적이 향상될 거라 기대한다. 즉, 학습 환경을 구입할 수 있다고 생각하는 것이다. 하지만 훨씬 중요한 공부 환경은 부모의 마음이다. 부모가 불행하면 아이의 공부 효율은 떨어진다. 특히 엄마의 마음이 학습 분위기를 결정하는 열쇠다. 엄마가 스트레스가 없고 기분이 좋아야 아이가 밝게 공부할 수 있다. 그러므로 엄마들은 스트레스를 받으면 적극적으로 풀어서 자신을 잘 보살펴야 한다. 아이의 지적 능력을 키워주고 미래의 학업 성적을 높이기 위해서는 엄마의 스트레스를 말끔히 해소해야 한다. 엄마의 행복이 곧 엄마의 의무다.

엄마 자신을 행복하게 하기 위한 방법

1	휴식 시간 확보	일상생활에서 잠깐의 휴식을 취하고 자신을 챙길 시간을 갖는다.
2	취미와 관심사에 시간 투자	자신의 취미나 관심사에 시간을 할애하여 기쁨을 느낀다.
3	운동	건강을 챙긴다. 스트레스 해소에도 도움이 된다.
4	친구와 교류	가까운 친구들과 시간을 보내며 대화를 나눈다.
5	독서	자기 계발 서적이나 소설, 관심 분야의 책을 읽으면서 머리를 맑게 한다.
6	영화나 드라마	좋아하는 영화나 드라마를 감상하며 휴식을 취한다.
7	자기 돌봄	스킨 케어나 목욕, 마사지 등을 한다.
8	자기계발 활동 참여	강연이나 온라인 강좌 등에 참여해본다.

9	자연과 함께	산책이나 하이킹이 좋다.
10	춤추기	신나는 음악에 몸을 맡겨 춤을 추면 스트레스가 해소된다.
11	요리하기	새로운 레시피를 시도해보거나 좋아하는 요리를 한다.
12	셀프 칭찬	자신에게 스스로 칭찬을 해주고 성취를 축하하는 습관을 갖는다.
13	음악 감상	좋아하는 음악을 들으면서 여유를 즐긴다.
14	사진 찍기	아름다운 순간을 사진으로 남겨본다.
15	자선활동 참여	다른 사람들을 돕고 선행하며 뿌듯함을 느낀다.

아이의 기분이 좋으면 엄마의 말을 잘 듣는다

사람은 기분이 나쁘면 머리 회전이 잘되지 않아 좋은 생각이 떠오르지 않는다. 아이도 마찬가지다. 기분이 좋지 않은 상태에서 공부가 잘될 리 없다. 창의성과 생산성은 기분이 좋을 때 높아진다. 긍정적인 기분이 문제 해결 능력을 촉진시키며, 아이의 우울감과 불안감도 줄인다. 정서적 안정과 행복도 더 많이 느낄 수 있다. 엄마는 아이가 긍정적인 기분을 유지할 수 있도록 도와야 한다. 아이의 능력을 최대한 발휘될 수 있도록 하려면 아이의 정서를 돌보아야 한다. 부모는 적절한 지시와 조언을 통해 아이의 협조와 성장을 촉진한다.

아이의 기분을 좋게 해야 하는 이유

미국의 심리학자인 사라 와타무라와 메건 거너는 '아동의 긍정적인 감정 상태와 부모의 지시를 따르는 능력'과의 관련성을 조사했다.

부모가 아이에게 지시를 내린 후, 아이들의 스트레스 호르몬인 코르티솔의 수준을 측정했다. 코르티솔은 '전투' 또는 '도망'의 반응인 생존 반응을 촉진한다. 연구 결과, 긍정적인 감정 상태에 있을 때 아이들의 코르티솔 수준이 낮았고 부모의 지시에도 더 잘 따랐다. 기분이 좋을 때 엄마의 말을 잘 듣는다는 사실을 증명한 것이다.

아이의 기분을 좋게 해야 하는 이유가 있다. 첫째, 아이에게 부모와의 긍정적인 유대감을 만든다. 아이는 엄마와의 관계가 편안하고 안전한 느낌이면 엄마의 말을 더 신뢰하고 자신에게 엄마의 말이 긍정적인 영향을 미칠 수 있을 것이라고 믿는다. 아이는 자신을 이해하고 돌보아주는 엄마에게 좋은 반응을 보여주기 위해서라도 엄마의 말을 잘 따를 가능성이 높아지고, 엄마의 지시나 조언에 좀 더 주의를 기울인다. 엄마와의 협조와 협력에 대한 긍정적인 경험은 아이가 엄마 말을 더 잘 듣게 만든다.

영국 리버풀 대학교의 심리학과 교수 엘리자베스 하비와 미국 워싱턴 대학교의 심리학 부교수 다리오 츠벤체크는 아동의 긍정적인 감정과 부모의 지시 수용 사이의 연관성을 조사했다. 아동들에게 부모의 지시를 따르는 실험 과제를 수행하도록 하는 동시에 아이들의 감정 상태를 측정했다. 연구 결과, 아이들의 긍정적인 감정이 높을수록 부모의 권위적인 지시를 더 잘 수용하는 경향을 보였다. 또한 부모에게 사랑을 느껴야 아이는 부모의 지시를 더 잘 수용한다.

둘째, 아이에게 긍정적 동기를 부여한다. 부모가 아이의 기분을 좋게 유지하는 것은 아이의 학습과 발전을 위해 중요하다. 아이가 기분 좋고 긍정적인 상태에 있을 때는 학습에 대한 동기가 높아진다. 부모가 아이를 격려하고 긍정적인 에너지를 전달하면, 아이는 공부에 대한 흥미와 열정이 더 높아져서 긍정적인 학습 환경이 조성된다. 엄마의 말을 잘 들으면 좋은 결과와 보상을 받을 수 있다고 믿고, 긍정적인 결과와 보상을 기대한다. 보상은 아이의 학습 동기를 높이고 긍정적인 행동을 유도하는 데 도움이 된다. 부모의 긍정적 지침은 아이에게 안정적인 교육 환경을 제공한다.

셋째, 아이에게 긍정적인 학습 경험이 쌓여 공부를 좋아하게 한다. 아이가 기분 좋은 상태에서 공부하면 긍정적인 학습 경험을 쌓여 아이의 자신감과 학습 태도에도 긍정적인 영향을 미친다. 지속적인 학습 동기를 유발하고 스트레스도 감소한다. 기분 좋은 대화나 긍정적인 가정 분위기는 아이의 마음을 편안하게 만들어주고 긍정적인 태도를 형성하는 데 도움이 된다. 부모가 아이를 지원하고 안정된 환경을 제공하면 아이는 공부하는 시간을 즐겁게 여겨서 공부에 집중하고 최선을 다한다.

아이를 기분 좋게 하는 부모의 습관

첫째, 아이와 마주치면 자상한 미소를 짓는다. 아이들은 말보다 표정으로 먼저 알아듣는다. 어떤 상황이든 일단 미소를 지어주면 아이들에게는 큰 힘이 되므로 작고 사소하지만 아주 좋은 습관이다. 평소 아이에게 말하는 톤으로 거울을 보면서 말해보면 자신이 얼마나 차갑고 무뚝뚝한 표정과 아무 감정 없는 눈동자를 하고 있는지 깨닫고 놀랄 것이다. 그러므로 미소를 머금고 있는 부모와의 긍정적인 대화와 격려는 아이에게 힘이 된다. 부모의 미소 자체가 자신감을 키우고 긍정적인 기분을 유지할 수 있다.

둘째, 아이에게 관심과 시간을 쏟는다. 부모는 아이에게 관심과 시간을 쏟는 습관을 가질 필요가 있다. 아이의 이야기를 경청하고 함께 활동하는 것은 아이와 소통하는 일이며, 아이는 사랑과 관심을 느끼고 기분이 좋아질 수 있다. 아이가 성취를 이룰 때 적절한 칭찬과 보상을 제공하면 아이의 기분을 좋게 하고 동기를 부여할 수 있다.

오늘 학교에서 무슨 일이 있었는지 궁금해. 이야기해봐.

우리 함께 책을 읽어보자. 어떤 이야기가 있는 책을 읽고 싶어?

오늘 그린 그림 보여줘봐. 어떤 생각이 담겨 있는지 궁금해.

무슨 게임을 하고 있는 거야? 같이 하면 재미있을 것 같아.

오늘 어떤 요리 해줄까? 뭐 먹고 싶어?

내일 할 일을 함께 적어보자. 어떤 일 먼저 할래?

요즘 생긴 새로운 취미는 어때? 재미있어? 이야기해줄래?

셋째, 아이에게 유연하고 긍정적인 태도를 취한다. 부모의 유연하고 긍정적인 태도는 아이에게 긍정적인 에너지를 전달할 수 있다. 예기치 않은 상황에 대처할 때 유연하게 대응한다. 아이의 실패에 대해 부정적이지 않고 긍정적인 관점을 유지한다. 아이가 엄마 마음대로 움직이지 않거나 기대만큼 따라주지 않아서 던진 한마디에 아이 마음은 멍이 든다. 부모로서 아이를 말로써 규정하거나 판단하지 않는 태도를 갖는 것이 중요하다. 아이를 틀에 가두지 않고, 아이 스스로 자신의 행위에 대해 옳고 그름을 사고하도록 공간을 열어주어야 한다. 엄마의 말은 그 자체로 힘을 가진다. 사회적으로 지위에 있는 사람만 힘을 휘두르는 게 아니다.

첫째, 한숨을 짓는 행위가 아이의 기분을 망친다. 아이들은 기대감을 먹고산다. 실수하고 다투고 잘못해도 내일은 뭔가 더 새로운 일이 있을 거라고 기대한다. 부모님이 나를 인정해줄 것이라는 기대가 있다. 친구들과 즐겁게 놀 수 있을 거라는 기대감도 있다. 이 기대감을 한순간에 무너뜨리는 것이 한숨이다. 부모의 한숨은 아이에게 '넌 뭘 해도 안 될 거야'라는 표현과 같다. 고개를 가로젓거나 혀를 차는 것도 마찬가지다. 사소해 보이지만 아이에게는 자신이 정말 한심한 사람이라고 생각하게 만드는 행동이다.

둘째, 아이를 비난하는 말이 아이의 기분을 망친다. 비난의 말은 아이들의 자존감과 심리적 건강에 부정적인 영향을 준다. 자신을 부정적으로 인식하게 하여 자신감을 상실하게 만들기 때문이다. 부모로부터 비난의 말을 자주 들으면 실패를 두려워하는 아이가 되어 자신의 능력을 제대로 발휘하지 못한다. 그러므로 아이에게는 부모의 믿음이 필요하다. 아이의 앞으로 더 나아질 아이 모습을 상상하며 믿음을 주는 부모의 말 습관이 필요하다. 비난은 아이에게 독이다.

아이를 비난하는 대화

예시 1

부모: 너는 왜 항상 왜 이래? 다른 아이들은 다 잘하는데. 너만 왜 못하냐고!

아이: 난 더 열심히 하려고 노력하고 있는데. 왜 뭐라고 해요. 하기 싫어. 안 해!

예시 2

부모: 너는 정말 아무것도 제대로 하는 게 없구나. 이 간단한 문제도 틀리고. 참 한심하다.

아이: 그만해요. 그런 소리 들으면 더 공부하기 싫어요. 안 해!

예시 3

부모: 바보같이 어떻게 그런 실수를 할 수 있지? 도저히 이해가 안 돼.

아이: (모욕감을 느낀다.)

셋째, 과도한 압박과 기대의 말이 아이의 기분을 망친다. 아이가 스트레스를 느끼게 되어 기분이 나빠진다. 학습 동기를 약화시킨다. 기대가 아이에게 부정적인 학습 환경이 된다.

부모의 과도한 압박의 말
너는 항상 최고 성적을 받아야 해.
너는 나의 꿈을 이어받아야지.
이번에도 다른 집 아이들보다 더 잘해야 해.
너는 좀 더 열심히 해야 해. 더 잘해라!
왜 이것밖에 못하는 거야?
만약 너 이번에도 실패하면, 난 실망할 거야.
너는 항상 완벽해야 해. 어떤 실수도 용납되지 않아. 실수하지 마.
너는 나의 기대를 충족시켜야 해. 너는 나의 자랑스러운 자식이어야 해.

부모가 아이에게 같은 문제를 매번 친절히 설명해도 늘 처음 듣는 이야기처럼 듣고 있다면, 부모의 말투부터 점검해봐야 한다. 부모의 어조와 표정에 아이가 알아들은 척만 할 가능성이 높다. 아이의 기분을 좋게 만들어 아이와 소통이 잘되면 아이의 문제를 좀 더 수월히 해결할 수 있다. 아이에 대한 부모의 말과 행동이 바뀌면 아이의 행동도 바뀐다. 무턱대고 아이에게 강요하면 안 된다. 부모님이 이유를 설명해주면 설령 아이는 이해를 제대로 못 해도 따라온다. 명령이 아닌 부탁과 이해가 아이의 마음을 움직인다. 아이의 문제 행동도 대화로 풀어나갈 수 있다. 가장 먼저 아이의 기분을 좋게 만드는 것이 중요하다. 아이와 입씨름할 일도, 화낼 일도 줄어든다. 부모와 아이의 관계가 좋아야 문제 해결도 가능하다.

아이의 기분을 좋게 하는 말

너의 웃는 모습을 보면 나도 기분이 좋아져.
네가 있어서 우리 가족이 참 행복해.
너와 함께 있는 시간은 내게 정말 소중해.
네가 하는 일에 대해 얼마나 자랑스러운지 몰라.
너와 이야기하고 있으면 항상 즐거워.
네가 성장하고 있는 모습을 지켜보는 것이 정말 기뻐.
너는 특별하고 소중한 아이야. 사랑해.
너의 노력과 열정이 참 대단해.

널 항상 응원할게.

너의 생각과 의견을 존중하고 해.

네가 어떤 일이든 해낼 수 있다고 믿어.

네가 행복하고 안전하게 지내는 걸 보면 마음이 놓여.

네가 가진 장점과 능력이 네게 어떤 의미인지 같이 생각해보자.

너의 존재가 이 세상을 더 아름답게 만들어주는 것 같아.

아이의 기분을 망치는 말

너만 없었어도, 정말.

너는 항상 이래. 너는 도대체 누굴 닮았니?

넌 왜 항상 실패만 해?

너보다 다른 아이들은 훨씬 더 잘해.

너는 너무 게을러.

너는 할 수 없는 일이야. 할 수 있겠어?

넌 왜 매번 그 모양이야? 기대에 항상 미치지를 못해.

너는 미래가 없어. 엄마 말을 안 들으니 잘될 리가 없지.

너에게 완전히 실망했어.

넌 정말 불성실해.

넌 왜 항상 문제만 만드니?

부모의 말투가 아이를 공부하게 만든다

아이들이 공부하게 만드는 비결은 부모의 말투와 행동에 있다. 부모가 아이를 바라보는 인식에서 말과 행동이 나오기 때문이다. 부모는 아이의 잠재력을 믿고 아이를 무한한 능력을 가진 존재로 바라봐야 한다. 부정적인 시선으로 아이를 바라봐서는 안 된다. 공부력은 부모의 믿음 속에서 저절로 향상된다. 학력은 목표가 아니라 지나가는 과정이다. 공부머리는 단순히 공부를 위한 힘이 아니라 아이가 인생 전체를 살아가는 생각하는 힘이 된다.

부모의 말과 공부머리의 관계

우리가 흔히 말하는 '공부머리'는 학습 능력과 지능 등 학업 성취에 대한 총체적인 개념이다. 지식을 얼마나 효과적으로 습득하고 활용하는지를 의미한다. 공부머리는 학습과 관련된 인지 능력(인지 발달,

기억력, 문제 해결 능력 등)과 언어 능력(독해, 말하기, 글쓰기 등), 수리 능력(숫자 개념, 계산, 수학적 사고 등), 창의력, 집중력, 자기 조절력 등을 포함한다. '공부머리'는 아이마다 고유한 능력과 발달 수준을 가지고 있어서 교육과 환경의 영향을 받아 성장한다. 공부머리는 부모의 말과 연관이 깊어서 평생 아이의 공부머리에 영향을 준다. 아이는 학습에 대한 긍정적인 태도와 지식을 엄마의 말을 통해 얻는다.

심리학자 베티 하트 박사와 토드 리스 레이 박사는 1995년 빈곤층 자녀들의 낮은 인지 능력과 그들이 당하는 불이익의 원인을 연구했다. 연구 결과, 그 원인이 아이의 유년기에 들은 말의 양과 관련이 있다는 사실을 밝혔다. 부유층과 빈곤층의 1~4세까지 아이들이 평소 주변에서 듣는 말의 수를 비교했다. 그랬더니 빈곤층 자녀가 부유층 자녀에 비해 평균 3천만 개나 적게 들었다. 언어에 노출된 경험이 적은 아이들은 언어 능력과 그 후의 학업 성적 그리고 장래의 경제적 성취도에 영향을 받는다.

MIT의 가브리엘 박사의 연구팀은 2018년에 "아이의 인지 능력은 어린 시절의 대화에 영향을 받는다"는 연구 결과를 발표했다. 그래서 '말의 양'보다 '말의 질'이 중요하다는 것을 밝혔다. 경제적 배경이 다른 4~6세의 어린이 36명을 대상으로 언어 능력과 인지 능력을 조사했다. 아이가 15초짜리 짧은 이야기를 듣고 있을 때 뇌의 모습을 fMRI로 계측하고, 평소 가정에서 부모와 아이의 커뮤니케이션도 LENA로 불리는 기록 분석 시스템으로 평가했다.

그랬더니 아이의 회화 능력 점수와 부모의 응답 수가 밀접하게 연관성이 있다는 조사 결과가 나왔다. 서로 말을 걸고 대화를 나누는 횟수가 중요한데, 부유층에서 높은 수준의 교육을 받은 부모들은 자녀들과 대화하는 횟수가 많았다. 내용도 다양했다. 부모와 아이가 대화를 주고받는 횟수가 시간당 11번씩 늘어날 때마다 아이의 구어 능력이 1% 높아졌다고 한다. 주고받는 대화가 아이의 뇌에 좋은 영향을 주는 것이다. 대화의 속도와 말에 대한 반응이 뇌를 활성화시키기 때문이다. 그래서 부모가 스마트폰에 열중해서 아이의 말을 제대로 듣지 않으면 아이의 공부머리의 싹을 자르는 것과 같다.

아이의 공부머리를 키우는 말투

아이의 공부머리를 키우기 위해 첫째, 아이의 상상력을 길러주는 말을 해야 한다. 이를 증명한 교육심리학의 연구가 있는데, 엄마의 언어 입력과 유아기 아동의 창의력 간의 관계를 조사했다. 그 결과, 엄마가 다양하고 상상력을 자극하는 언어를 제공할수록 아이의 창의력이 증가하는 것을 밝혔다. 엄마의 언어 입력이 다양할수록 아이의 뇌를 더 많이 자극한다. 엄마의 말투가 아이들의 사고력과 관련된 다양한 영역에 영향을 미칠 수 있는 것이다. 이렇듯 엄마의 언어적 지식과 표현이 아이의 공부머리를 키운다.

아이의 상상력을 길러주는 말

만약 우주로 갈 수 있다면 어떤 행성에 가보고 싶니?
이 그림을 보고 상상해봐. 이곳에서 어떤 이야기가 벌어질까?
오늘은 노란색에 대해서 이야기를 해보자. 노란색이 어떤 기분을 불러일으킬까?
만약 마법사가 되었다면 어떤 마법을 부리고 싶니?

우리의 미래에 대해서 상상해봐. 어떤 일들을 이루고 싶니?

이 음악을 듣고 상상해봐. 어떤 장면이 떠오르니?

이러한 대화를 나누면 아이의 상상력과 창의력을 자극하여 생각하는 힘이 자란다. 생각하는 힘은 곧 아이의 공부머리로 연결된다.

둘째, 아이와 상호작용하는 질문을 한다. 그러면 아이의 사고가 촉진된다.

1) 아이의 학교 생활에 대한 질문(자신의 경험을 나누고 이해받는 기회를 제공)

오늘 학교에서 무슨 일이 있었어?
좋았던 순간이나 어려웠던 순간이 있으면 말해봐.

오늘 학교에서 가장 흥미로운 수업은 무엇이었어?
왜 그 수업이 흥미로웠는지 말해봐.

오늘 학교에서 어떤 친구와 함께 놀았어?
그들과 무엇을 하면서 즐거웠니?

오늘 학교에서 가장 도전적인 순간은 어떤 거였어?
어떤 교훈을 얻었어?

오늘 학교에서 배운 새로운 것이 있었으면 말해봐.
그게 왜 중요한지 알려줄래?

오늘 학교에서 어떤 칭찬이나 인정을 받았어?
어떤 영향을 미쳤는지 알려줄래?

이러한 유형의 대화는 아이의 성장과 경험을 이해하고 공감할 수 있는 기회가 되며, 아이의 자신감도 커져서 부모와 관계를 형성하고 소통 능력을 발전시킬 수 있다.

2) 아이의 관심사에 대한 질문(문제 해결 능력과 자신감을 발전시킬 수 있는 기회를 제공)

어떤 책을 읽고 있는 거야? 어떤 이야기가 흥미로웠어? 왜 그 책을 선택했니?
오늘 무슨 게임을 하고 싶어? 그 게임에서 어떤 도전을 하는 거야?
어떤 종류의 운동이 가장 좋아? 좋아하는 이유가 뭐야?
최근에 본 영화 중 어떤 이야기가 인상 깊었어? 어떤 메시지가 있는 거야?
어떤 음악을 들을 때 기분이 좋아? 어떤 감정을 불러일으키는지 알려줘?
어떤 취미가 가장 재미있어? 그걸로 어떤 경험을 쌓고 싶어?

이러한 질문들은 아이의 자아 발전과 자신감 향상에 도움을 준다. 아이의 관심사와 취향을 이해하는 부모는 아이의 성장과 즐거움을 지원하는 기회를 제공할 수 있다.

아이의 공부머리를 막는 말투

첫째, 아이를 부정적으로 낙인을 찍는 말이다. 〈미국 정신과학 저널〉에 발표된 연구에 따르면, 18~25세의 젊은 성인들 중 학창 시절 욕설 등 언어폭력을 당한 아이들의 뇌량 발달이 미흡한 것으로 나타났다. 뇌량은 좌뇌와 우뇌를 연결하는 다리 형태의 부분으로, 좌우뇌의 균형 있는 활용과 유기적인 협조를 도와주는 역할을 한다. 이 부분이 손상을 입으면 좌뇌가 가진 지각 능력과 우뇌가 가진 감각 능력이 원활하게 이뤄지지지 못한다. 그러면 사회성과 언어 발달에 지장이 생기고 두뇌가 고루 발달하지 않는다. 두뇌 발달이 활발하게 이루어지는 시기에 받은 상처는 성인이 되어 정신적인 장애로 나타날 가능성을 높인다는 연구였다.

부정적 낙인의 말투

"넌 항상 이렇잖아."	(아이 행동의 일반화)
"네가 멍청한 거야."	(아이에게 모멸감을 줌)
"넌 아무것도 못 해."	(아이의 성공 가능성을 제한)
"너는 쓸모없어."	(아이를 가치 없는 존재로 여김)
"넌 도대체 뭘 하는 애야?	(아이의 능력 무시)

둘째, 비교하는 말투다. 카이스트의 정범석 교수 연구팀은 고등학교 1학년 학생 29명을 두 그룹으로 나누었다. 언어폭력을 당하는 그룹과 언어폭력을 행하는 그룹의 뇌를 MRI로 분석했더니, 두 그룹 모두 해마의 크기가 작았다. 뇌 회로의 발달도 늦었다. 하버드 의과대학의 마틴 테이처 교수도 폭력적인 언어가 뇌에 미치는 영향에 대해 연구했다. 어린 시절 언어폭력을 당한 경험이 있는 554명의 성인을 대상으로 뇌를 조사한 결과, 일반인들에 비해 뇌량과 해마 부위가 크게 위축되어 있었다고 한다.

비교하는 말투

네 친구는 이미 했어. 왜 너는 이렇게 어려워하는 거야?
너는 네 동생처럼 잘할 수 없니?

네 친구들은 이미 자전거를 타는데. 왜 너는 아직도 못해?

네 형은 학교에서 항상 좋은 성적을 받는데, 왜 너는 그렇게 못해?

너는 어째 친구들보다도 잘 못해?

아이를 낙인을 찍는 말과 비교의 말은 언어폭력이 될 수 있다. 경쟁심과 스트레스를 유발하여 코르티솔을 과다하게 분비시켜 해마를 축소시킨다. 그러면 기억력과 학습 능력이 떨어진다. 이곳에서 새로운 신경세포를 만들어내기 때문에 신경 재생이 어려워진다. 우울증 등의 정신적 질환에 시달릴 가능성도 높다. 자아 형성에 부정적인 영향을 미치면 아이의 자존감이 훼손되어 공부머리를 해친다. 아이의 다양성을 무시하고 평가하는 말은 피해야 한다.

부모의 말과 공부머리의 상관관계

부모의 말은 아이의 공부머리와 밀접한 관계가 있다. 부모의 언어는 아이들의 언어 및 인지 발달에 절대적인 영향을 미쳐 학습과 성취 결과가 달라진다. 부모가 긍정적이고 지지적인 말투를 쓰면 아이들의 자신감을 향상시키고 동기를 부여하여 아이들은 자신의 능력을 믿고 노력한다. 그러나 부모의 부정적인 말투는 아이들의 자신감을 훼손하고 학습 동기를 저하시키며 스트레스와 불안을 준다. 그러다 보면 학습 태도와 성취에 부정적인 영향을 미친다. 부모의 잘못된 말투가 아이의 뇌를 손상시킬 뿐 아니라 학습 능력을 떨어트리는 것이다. 그러면 전반적인 기능 저하로 이어지므로, 부모의 말투와 행동이 아이들에게 모델로 작용한다는 것을 염두에 두어야 한다.

아이를 이해하고 공감하는 말투

내가 이해해, 너는 어떤 기분인지.

네가 어떤 상황에서 그런 기분이 들었는지 말해봐.

내가 너를 이해할 수 있도록 설명해줄래?

나도 때로는 그런 기분을 느끼곤 해.

네가 이렇게 느껴지는 이유를 이해해. 그래서 어떻게 도와줄까?

정말 힘들게 느껴질 수 있는 상황이야. 어떤 도움을 원하니?

네가 어떤 어려움을 겪고 있는지 알려줘. 함께 해결책을 찾아보자.

네가 이렇게 느껴지는 건 이해해. 같이 어떻게 대처할지 생각해보자.

나는 네가 무엇을 말하려는지 이해하려고 노력할게.

내가 네게 도움이 될 수 있을까? 어떻게 지원해줄까?

- 부모의 이러한 말투는 아이의 감정과 경험을 이해하고 공감할 수 있다.
- 아이와의 소통과 관계 형성에 도움을 줄 수 있다.
- 아이는 이러한 이해와 공감을 통해 안전하게 표현하고 부모와 소통한다.

아이의 공부에 동기를 부여하는 말을 한다

요즘 많은 아이들이 자신이 하는 행위의 의미를 잘 모른다. 아이에게는 자신의 노력을 알아봐주고 어떤 의미가 있는지 알려줄 사람이 필요하다. 부모는 아이를 내적 동기로 움직이도록 도울 것인지, 외적 동기에 의해 움직이도록 할 것인지 결정해야 한다. 외부에서 주어지는 보상은 외적 동기라고 한다. 보상이 따르지 않아도 아이 스스로 열심히 하는 것은 내적 동기다. 아이들의 특성에 맞는 필요한 방법은 각자 다를 수 있다. 하지만 내적 동기로 움직이는 아이들에게는 열정과 초롱초롱한 눈빛이 있다.

외적 보상이 위험한 이유

필자는 20년간 수업하면서 학생들의 동기 부여를 위해 여러 가지 장치들을 마련했다. 좋아하는 간식을 미리 준비하기도 하고 곁에서 응원하는 등 아이들이 공부할 수 있는 환경을 제공했다. 외적인 보상에 목말라 그것만을 바라보며 간신히 숙제만 하던 학생들이 있는 반면, 매일 좋아하는 공부를 스스로 선택해 능동적으로 즐기던 학생도 있었다. 이런 아이들은 물질적인 보상이 없어도 부담 없이 학습하고 즐겼다. 성인이 된 지금, 후자의 학생들은 자신의 일을 즐기며 살아간다.

보상이 중심이 되어 움직이는 아이에게는 공통적인 문제가 있다. 첫째, 보상 없이는 아이가 움직이지 않는다. 밥을 먹다 딴짓을 할 때 "밥 다 먹으면 젤리 줄게"라며 엄마가 보상을 걸면 어느 순간부터는 젤리가 없으면 밥을 먹지 않는다. 아이가 "이거 먹으면 뭐 줄 거야?"라고 물으면 보상을 끊어야 한다. "밥 먹는 것은 너를 위한 일이고, 즐거운 일이야"라며 밥 먹는 본래의 재미를 알게 해야 하기 때문이다. 심부름도 마찬가지다. 심부름을 할 때마다 보상을 주면 아이는 "도와주면 뭐 해줄 건데?"라고 말한다. 마땅히 해야 할 일이 있다는 감각이 없는 것이다. 그리고 심부름을 하는 이유는 보상 때문이었다고 착각한다. 이러한 아이에게는 "당연히 해야 하는 일엔 보상이 없단다"라고 말해주어야 한다.

둘째, 보상에는 유효기간이 있다. "이번 시험에서 100점 맞으면 용돈 올려줄게"라고 약속하면 당장은 아이가 열심히 공부한다. 하지만 다음번에는 더 큰 보상을 바란다. 당장 효과를 보기 위해 보상을 주면 아이는 아예 의욕을 잃을 수도 있다. 그러므로 보상이 없는 상황에서도 성취를 경험하게 해야 한다. 보상의 유무에 따라 행동하면 행동의 가치를 정확하게 평가하는 능력을 키우지 못한다. 힘들게 노력하는 일에 대한 내재적인 만족감과 성장을 얻는 기회를 잃는다. 보상에만 집중하여 자신의 행동이 어떤 의미가 있는지 알지 못하는 것이다.

잘못된 보상의 대화 예시(보상을 얻기 위해 원하는 행동만 하게 된다)

❶	부모: 이번 시험에서 좋은 성적을 받으면 선물 사줄게. 아이: 뭐 사주실 건데요? 비싼 거 사줘야 해요.
❷	부모: 이거 밥 다 먹으면 아이스크림을 줄게. 아이: 밥 먹기 싫어요. 지금 아이스크림 안 주면 안 먹을래요.
❸	부모: 일주일 동안 매일 단어 30개씩 외우면 친구랑 영화 보게 해줄게. 아이: 친구와 영화를 안 봐도 돼요. 단어 안 외울래요.

내적 동기를 알면 아이의 행동이 달라진다

자기 결정 이론은 내적 동기가 성과에 긍정적인 영향을 미친다는 것이라고 앞에서 설명했다. 이를 증명하기 위해 보상 조건에 따라 참가자를 세 그룹으로 나누어 퍼즐 실험을 진행했다. 첫 번째 그룹은 내적 동기 그룹으로, 퍼즐을 풀면서 스스로 즐거움을 느낀다. 두 번째 그룹은 외적 동기 그룹으로, 퍼즐을 풀면서 금전적 보상을 받았다. 세 번째 그룹은 통제 그룹으로 어떠한 보상도 없었다. 실험 결과 내적 동기 그룹이 가장 긍정적인 결과를 보였으며, 퍼즐을 더 오랫동안 창의적인 방법으로 풀었다. 반면 외적 동기 그룹과 통제 그룹은 퍼즐에 대한 흥미와 노력이 상대적으로 낮았다. 내재적 동기를 지원하는 환경이 성취에 긍정적인 영향을 미칠 수 있는 것이다.

내적 동기가 중요한 데는 이유가 있다. 첫째, 내적 성장을 촉진한다. 내적 동기는 자신의 흥미와 가치를 기반으로 하며 스스로 행동하게 한다. 이를 통해 아이는 자기 결정에 의한 참여 의식을 가지고 높은 성취감과 성장을 경험할 수 있다. 자기 흥미와 가치에 맞는 활동에는 더 깊은 학습과 응용력을 발휘하게 된다. 성과도 훨씬 좋아지며 지식과 기술을 깊게 이해하고 활용할 수 있게 된다.

둘째, 지속적인 동기 부여가 가능하다. 내적 동기는 외부적 보상과 달리 오랫동안 지속될 수 있다. 아이가 자기 흥미와 가치를 중심으로 행동하면 내재적인 동기가 유지되어 지속적으로 노력할 수 있어서 더 좋은 성과를 이룬다. 부모는 아이가 무언가를 열심히 하고 있으면 어떤 노력을 했는지 알아봐주어야 한다. 아이에게 "했니, 안 했니?"라며 검사하는 대신 아이가 노력하는 흔적을 찾아낸다. 아이가 부모의 심부름을 하면 "네가 도와줘서 엄마가 너무 편했어. 고마워"라고 말하여 아이에게 의미를 부여해준다. 포기하지 않고 끝까지 해냈다면 "힘들었을 텐데 끝까지 하느라 고생했다"라고 말한다. 부모의 한마디는 아이가 노력을 지속할 수 있는 내적 동기가 되고, 자신에 대한 긍정적인 이미지를 형성한다.

숙제를 하는 아이의 내적 동기를 강화하는 대화

부모: 숙제하고 있구나. 어려운 것은 없니?

아이: 내용이 새로운 용어들이 많이 나와서 너무 어려워요.

부모: 새로운 용어가 어렵구나. 나도 새로운 용어가 나오면 어렵던데. 어렵다고 느끼면서도 해내는 네 모습이 멋지다. 너는 도전하는 용기가 있는 거야.

아이: 너무 어려워서 포기하고 싶어요.

부모: 잘하지 못하더라도 해보는 과정에서 많은 것을 배울 수 있어. 포기하지 않는 자세가 중요한 거 같아. 응원하고 있으니까 조금만 더 힘을 내봐. 너라면 잘 해낼 거야.

아이의 내적 동기 강화 방법

첫째, 아이에게 공부를 좋아한다고 착각하게 만든다. 뉴욕주립대학교 심리학과 스튜어트 밸린스 교수의 연구팀은 남성으로만 구성된 실험 참가자들에게 여성의 사진 10장을 보여주고, 자신의 심장 박동 소리를 스피커로 들려주었다. 사실 실험 참가자들에게 들려준 심장 박동 소리는 실험자의 심장 소리가 아니었다. 그리고 여성의 사진을 호감도 순으로 나열하게 했더니, 실제 심장 박동은 느려도 스피커로 들린 심장 소리가 가장 빨랐던 여성 사진을 호감도 1순위로 꼽았다. 뇌가 착각과 조작을 일으키는 것이다.

이를 응용해서 아이에게 '나는 공부를 좋아한다'라는 착각을 불러일으키게 할 수 있다. 아이에게 '나는 공부하는 것이 즐거워!'라고 착각하게 만드는 것이다. 아이가 평소보다 더 열심히 하고 있는 순간을 포착하여 이렇게 말해준다. "너 지금 눈빛이 반짝반짝해! 의지가 팍팍 느껴진다! 공부가 재미있나 봐." 다른 예로, 책을 잘 읽던 아이가 책을 읽지 않아 걱정될 때는 아이의 기억에 양념을 친다. "어릴 때 책을 참 좋아했어. 할머니가 너를 책벌레라고 놀렸는데, 기억나지?" 사실 할머니가 책벌레라고 놀린 일이 없었어도 상관없다. 아이의 머릿속에는 이미 책 읽는 자신의 모습을 바라보는 할머니의 모습이 그려진다.

둘째, 아이만의 루틴을 만들어준다. 아이들이 시험에 느끼는 압박감은 상당해서 소화불량, 설사 등의 신체적 반응이 나타난다. 이러한 시험 불안증은 아이들만의 문제가 아니다. 최고의 프로 선수들도 시합 불안증에 시달리는데, 이들이 사용하는 방법이 루틴이다. 수영 선

수 박태환은 물에 뛰어들기 전에 음악을 듣는다고 하고, 농구 선수 중에는 자유투를 던지기 전에 공을 정해진 수만큼 튀기는 선수도 있다. 이렇듯 특정한 생각과 행동을 일상화, 자동화함으로써 불안 요소를 없앨 수 있다. 불안해하는 아이에게도 이런 루틴을 만들게 하면 심리적 안정과 집중력을 높여준다. 거창한 것이 아니어도 된다. 아이가 그 동작을 함으로써 심리적인 안정을 얻을 수 있다면 무엇이든 상관없다.

'파워 포즈(Power posing) 효과'라는 말이 있다. 특정한 자세를 취하는 것이 인간의 심리적, 신체적 상태에 영향을 줄 수 있다는 이론이다. 하버드 대학교 사회심리학의 에이미 커디 교수는 실험 참가자들에게 2분간 각각 두 가지 자세를 취하게 했다. 첫 번째 그룹에는 당당함을 드러내는 등 파워풀한 포즈를 취하도록 하고 두 번째 그룹에는 약함을 드러내는 포즈를 취하게 했다. 각 자세가 끝날 때마다 도박이라는 위험 요소에 얼마나 대응하는지 알아보기 위해 도박을 하게 했다. 조사 결과, 첫 번째 자세를 취한 그룹은 86%가 도박에 참여했지만 두 번째 자세를 취한 그룹은 60%만이 도박에 참여했다고 한다. 호르몬 검사에서도 파워풀한 포즈를 취한 사람은 힘, 용기, 자신감 등을 담당하는 테스토스테론이 20% 늘었다. 스트레스 호르몬인 코르티솔은 25% 줄어들었다. 반대로 약한 포즈를 취한 사람은 테스토스테론이 10% 줄었고 코르티솔은 15% 증가했다. 그러므로 아이에게 파워 포즈 루틴을 만들어 주어 시험을 치기 전에 어깨를 쫙 펴고 턱을 약간 치켜든 채 만세 자세를 취해본다. '이까짓 시험, 내가 이기고 말 테다!' 하는 생각과 함께 도전 정신과 자신감으로 무장된다.

진정한 동기 부여

부모는 진정한 의미의 촉진자가 되어 아이가 답을 찾게끔 환경을 만들어주어야 한다. 그래야 아이 스스로 성장할 수 있다. 환경을 제공한 후에는 답을 찾을 때까지 기다려준다. 아이가 스스로 문제를 해결해가는 과정을 지켜보며 아이의 인내와 끈기를 칭찬해준다. 그러면 점점 더 새로운 것에 대한 호기심과 도전 의식을 느낀다. 대다수의 아이들은 어렵고 까다로운 문제를 접하면 고민하기보다는 포기하려고 한다. 부모에게서 제대로 된 성취감을 느끼지 못했기 때문이다.

아이와 평소에 대화 하면 좋은 질문 3가지

1. 부모가 아이에게 명확한 기대를 갖게 하는 것(기대)
   - "너는 어떤 사람이 되고 싶니?"
2. 아이가 적절한 도전 의식을 갖게 하는 것(도전 의식)
   - "이 일을 했을 때와 하지 않았을 때 결과가 어떻게 될 것 같니?"
3. 아이가 어디까지 향상되고 있는지에 대한 피드백(피드백)
   - "네가 원하는 목표는 뭐니?"

이런 질문은 아이 스스로 자신에 대해 명확한 기대를 갖게 하여 내적 동기를 강화한다.

내적 동기를 강화시키는 대화의 예

예시 1

부모: 악기 중에 어떤 것을 선택하고 싶니?

아이: 피아노를 배우고 싶어요.

부모: 피아노를 배우면 음감이 향상될 거야. 멋진 연주 기대할게.

예시 2

부모: 너의 새로운 도전을 응원할게! 이제부터 어떻게 할 거니?

아이: 나는 학교 대표 수영 선수가 되고 싶어요. 매일 수영장에서 1시간씩 연습할래요.

부모: 우선 수영 학원에 등록해야겠네. 꾸준히 수영을 연습한다니. 멋지다. 응원할게!

예시 3

부모: 넌 정말 동물을 좋아하는구나. 이 동물에 대해 어떤 도전이 가능할까?

아이: 동물을 돌보는 일을 해보고 싶어요.

부모: 정말 멋진 선택이야! 동물 보호소나 자원봉사 활동에 참여해보면서 동물들을 돌보는 것도 좋겠다. 동물을 돌본다는 것은 생명의 소중함도 더 알 거 같아.

예시 4

부모: 이번 해에 성취하고 싶은 목표가 있니?

아이: 나는 이야기책을 써보고 싶어요.

부모: 좋은 아이디어네! 동화책이야? 아님 수필이야? 이야기를 쓰는 데 필요

한 일기장이나 스토리북을 사서 준비해줄게. 상상력이 빛나는 이야기를 기대할게!

아이가 이해받는다고 느낄 수 있게 말을 한다

아이의 발달은 개인차가 있으나 기본적인 방향과 속도가 있다. 이런 발달 원리를 부모가 이해하면 아이의 성장 과정에서 나타나는 문제로 보이는 행동도 한결 가볍게 이해할 수 있다. 아이를 바라보는 시선을 바꾸면 이전과는 다른 방식으로 아이를 이해하며 감싸줄 수 있기 때문이다. 부모는 기본적으로 아이가 어떻게 발달하는지 알아야 아이의 성장을 기다릴 것인지, 아니면 아이를 적극적으로 지원해줄지를 판단할 수 있다.

발달 원리에 대한 기본 이해

아이는 지금 이 순간에도 계속 발달하고 있다. 발달은 정자와 난자가 수정되는 그 순간부터 생명을 다할 때까지 인간의 전 생애에 걸쳐 일어난다. 비단 아이에게만 해당되지 않는다. 부모인 우리도 발달 중이며, 아직도 부족하고 미숙하다. 부모도 완벽하지 않기 때문에 아이를 이해하는 것이 힘들 수 있다. 자신과 아이를 발달의 의미에서 바라보면 그 미숙함으로 인한 불안을 덜 느끼게 된다. 발달에 대해 잘 알면 아이를 이해하기도 쉽고 어떻게 육아를 할지가 보인다.

첫째, 아이의 발달은 정해진 순서가 있다. 대근육 같은 큼직한 것에서부터 점차 소근육이 발달한다. 언어 발달도 마찬가지다. 의사소통 수단으로 가장 먼저 울음을 사용하고 그다음에는 옹알이를 한다. 점차 자신의 생각을 정교하게 표현할 수 있다. 눈에 보이는 신체적, 언어적 발달뿐 아니라 인지나 성격과 같은 눈에 보이지 않는 영역에도 이러한 발달의 원칙이 있다.

둘째, 아이는 각자 발달 속도가 다르다. 같은 부모에서 태어난 형제도 타고난 특성과 환경이 모두 다르기 때문에 다르게 발달한다. 기질적으로 적극적인 성향의 아이는 주변 환경에 빨리 관심을 보이고 신체를 더 많이 활용한다. 반면 신체 발달은 느려도 배우고 사고하는 능력이나 정서와 감정이 또래보다 빨리 발달하는 아이도 있다. 그러니 기준을 세워서 발달이 빠르다, 느리다를 걱정할 필요가 없다. 아이에게 맞고 필요한 지원을 하면 된다.

셋째, 발달에는 민감기라는 골든타임이 있다. 발달심리학의 민감기는 흔히 말하는 가성비와 비슷한 개념이다. 육아에서도 가성비를 높일 수 있는 시기가 있다. 마트가 문 닫는 시간을 잘 맞춰 가면 같은 물건을 더 좋은 가격에 살 수 있듯이, 아이가 발달하는 과정에서 같은 노력을 들여도 더 좋게 발달할 수 있는 골든타임이 있다. 각 영역은 민감기가 다른데, 그 시기를 활용하면 좋다. 예를 들면 애착 형성의 골든타임은 보통 생후 1년이다.

넷째, 발달에는 타고나는 유전과 환경 모두 중요하다. 발달심리학자들은 아이의 발달 요인으로 유전과 환경이 모두 영향을 미친다고 말한다. 예를 들어 키가 크기 위해서는 영양가 있는 식사와 운동과 충분한 수면 등이 필수다. 하지만 유전적인 영향을 절대 무시할 수가 없다. 부모가 키가 크면 아이도 키가 클 확률이 높다. 그러나 아이의 모든 것을 부모가 바꿀 수 있다는 생각은 발달을 정확히 이해한 것이 아니다. 아이의 건강한 발달을 위해서는 부모의 양육 방식과 아이마다 타고난 기질적 차이를 모두 고려해야 한다.

부모가 아이를 이해해야 하는 이유

부모가 아이를 이해한다는 것은 아이의 감정과 생각, 행동 등을 인지하고 관점을 이해하는 의지와 노력이다. 부모가 아이를 이해하면 아이와의 관계를 더 깊고 의미 있게 만들 수 있고, 아이의 정서적, 사회적, 인지적 발달에 긍정적인 영향을 미친다. 아이가 어떤 행동을 하거나 어려움을 겪을 때, 부모가 이를 이해하고 아이의 경험을 공감해주면 아이는 자존감을 유지하고 더욱 성장할 수 있다. 부모가 아이가 어떤 과정으로 발달하는지, 이 시기에 더 신경 써야 할 부분은 무엇인지 알아야 한다.

첫째, 아이를 이해하면 아이의 마음에 상처를 주지 않는다. 부모가 아이의 마음을 이해하면 아이 마음에 상처를 주지 않는 습관이 생긴다. 필자가 상담할 때면 아이들이 언제 부모님께 상처를 받는지 볼 수 있었다. "우리 부모님은 내가 뭘 원하는지 관심도 없어요", "엄마는 맨날 자기 할 말만 해요"라고 말하는 아이들이 많았다. "도대체 왜 그러는 건지 모르겠다!", "왜 이렇게 말을 안 들을까?"라는 부모의 말에도 상처를 받았다. 아이는 부모가 마음을 몰라주고 알려고 하지 않으면 마음을 닫아버린다. 아이의 마음 상태를 부모가 이해하면 아이에 대한 부모의 감정과 행동이 자연스럽게 변화한다.

둘째, 아이를 이해하면 부모의 걱정도, 화도 줄어든다. 남들 눈에는 별거 아닌 아이의 행동을 보고도 부모가 너무 심하게 상처 주는 경우가 있다. 부모 자신의 상처로 인해서 아이에게 상처를 주고 마음 아파하는 것이다. 아이와 자신의 마음을 들여다보는 습관을 가져야 한다. 부모야말로 일상에서 늘 아이들과 함께하므로 아이 행동을 한눈에 쉽게 이해할 수 있다. 아이를 이해하면서 아이뿐만 아니라 부모 자신도 이해하다 보면 불안이 가벼워진다.

셋째, 아이의 행동에는 이유가 있다. 정신의학과 노경선 교수의 말에 의하면 아이의 모든 행동에는 이유가 있으니 "그래서 그랬구나. 그런 이유가 있었구나"라고 충분히 공감해준다. 아이들을 혼내기만 하면 이유를 들을 틈이 없다. 소리 지르며 짜증내면 엄마의 말이 아이 귀에 들어올 리가 없다. 엄마는 이유를 물었다고 생각하지만 제대로 물은 적이 없다. 아이도 진짜 속에 있는 말을 하지 않으면서 서로 관계가 나빠진다.

필자의 두 아이가 초등학교 때 큰아이가 자꾸 동생이 하는 일을 비꼬듯이 이야기하면서 옥신각신하는 상황이 벌어졌다. 아이를 혼내려다 마음을 다잡고 아이와 손을 잡고 마주 앉아 아이를 바라보며 부드럽게 말했다. "네가 동생한테 그렇게 하는 건 이유가 있어서일 텐데, 그 이유를 엄마한테 말해줄래?" 그러자 아이가 눈물을 글썽이며 입을 떼기 시작했다. 짐작도 하지 못한 속상했던 이유를 털어놓았다. "그래서 그랬구나. 화가 난 이유가 있었네. 기분이 상했겠다"라고 했더니, 아이가 "엄마, 짜증내서 죄송해요"라고 먼저 말하는 것이었다. 아이에게 이유가 있음을 믿어주고 난 후에 아이에게 가르치고 싶은 것, 고치길 바라는 것을 말하면 된다.

아이 상황별로 필요한 이해의 말

부모님과 대화하며 아이는 세상을 살아가면서 겪는 억울한 일, 슬픈 일, 답답한 일, 화나는 일에 대해 어떻게 대처해야 하는지 배울 수 있다. 아이가 어떤 말을 하든지 존중하며 듣는다.

1) 아이가 고집을 피우는 경우

예시 **추운 날, 아이가 반팔을 입고 나가려고 하는 상황**

1. 감정 읽기	고집을 피우는 이유를 살핀다. 아이의 감정을 먼저 읽어준다.
2. 방법 제시	아이가 원하는 내용을 이해해준다. 방법을 제시해준다.
3. 협상과 제안	아이와 엄마가 원하는 정도를 서로 협상한다. 아이에게 제안한다.
4. 타이밍 살핌	거절하면 설득하지 않고 알겠다고 한다. 다시 타이밍을 살핀다.
5. 다시 제안	시간이 좀 지난 후 감정을 가라앉힌다. 아이에게 다시 한번 말해본다.

아이: 나 오늘 이거 입을래.

엄마: 그 옷에 있는 반짝이가 마음에 드는구나.

아이: 어, 이거 좋아. 이거 입구 유치원 갈래.

엄마: 날씨가 추운데. 감기에 걸릴 것 같아. 카디건을 위에 같이 입을까?

아이: 불편할 거 같은데. 예쁘지도 않고.

엄마: 그럼, 반팔 옷은 집에서만 입자. 밖으로 나갈 때는 위에 카디건을 입자.

아이: 별론데. 싫어

엄마: (잠시 기다림) 그래. 알았어. 조금만 더 입고 있자.

2) 아이가 타인(선생님, 친구)에게서 상처받았을 때

아이의 부정적인 감정을 대할 땐 표정을 부드럽게 하고 온화한 말투로 대화하는 게 중요하다.

상대의 입장을 생각하고 이해할 수 있도록 이야기를 나눈다.

1단계	아이의 맺힌 마음을 알아주기(공감하기) → "그런 생각이 들었구나. 그럴 만하네."
2단계	아이가 상대의 상황을 이해하도록 대화 나누기(역지사지) "친구가 속상한 일이 있어서 화풀이한 거구나. 네게 나쁜 마음이 있었던 건 아니라고 사과했다는 거지? 많이 힘들었나 보네. 다행이야, 사과받아서."
3단계	아이의 마음을 풀고, 상대방 마음도 알기(이해하기) → "친구들과 있다 보면 그럴 수도 있지. 네가 싫어서 그런 게 아닌 건 확실하네."

우리 아이, 이해하고 공감하기

부모가 아이의 발달에 대해 잘 알면 유리하다. 발달 과정을 이해하면 아이가 어느 정도로 발달하고 있는지 살펴볼 수 있기 때문이다. 발달 과정에서 다소 지연되는 부분이 생기면 적극적으로 개입하고 다음 발달 과정을 예측하는 것도 가능하다. 신체나 언어 발달처럼 눈에 보이는 영역에 비해 눈에 잘 보이지 않는 영역은 어떻게 발달하는지 잘 알 수 없다. 부모가 제대로 알지 못하면 아이를 이해할 수 없어 많이 불안하고 불편하다. 아이에게 도움을 줘야 할 시기를 놓칠 수도 있다. 부모가 발달 영역에 관심을 가지고 기본 원리를 알아두면 훨씬 더 깊이 이해할 수 있다.

아이가 부모에게 이해받고 있다고 느끼는 말

네 생각이 궁금해.

네가 요즘 어떤 어려움을 겪고 있는지 알고 싶네.

너의 의견에 귀담아들을게. 이해하려 노력할게.

내가 너를 어떻게 이해하면 좋을까?

너의 감정을 듣고 싶어.

네가 힘들어하고 있는 거 알고 있어. 어떻게 도와줄까?

내가 네가 느끼는 감정을 이해할 수 있다는 걸 알려주고 싶었어.

나는 항상 네 곁에서 네 어려움을 지지할 거야.

너의 이야기를 이해하려고 최선을 다할게.

네가 어떤 이유로 그렇게 느끼는지 이해해.

너의 의견과 선택을 이해해.

너의 생각과 감정을 이해하는 데 나는 진심이야.

- 아이가 자신의 감정과 생각을 이해받고 있다는 느낌을 준다.
- 부모와의 소통과 관계를 강화시킬 수 있다.

아이의 입을 닫게 하는 말

엉뚱한 소리 하지 말고. 좀 신중해라.

지난번에 말했잖아. 기억력이 왜 그 모양이야?

뭐가 웃기다고 그렇게 낄낄거리니?

왜 어른들 말하는데 네가 나서? 조용히 해.

아이의 입을 열게 하는 말

오, 그런 생각을 했어? 멋지다.

그걸 어떻게 알았어? 난 몰랐는데.

그래? 와, 엄마는 몰랐어.

너는 그거에 관심이 많구나. 대단한데?

엄마는 미처 몰랐는데. 덕분에 엄마가 트렌드에 강해지네.

엄청 웃긴다. 넌 어떻게 그렇게 재미있는 얘기를 많이 알아?

5장

엄마, 자신을 다스려야 좋은 말이 나온다

엄마의 화란 무엇일까?

육아를 하다 보면 화나는 일이 많다. 엄마들에게 가장 필요한 것이 화를 조절하는 능력일 것이다. 화를 낸다고 아이를 변화시킬 수 없다. 부모는 어른인 만큼 감정을 폭발시키지 않는 성숙한 방식으로 감정을 정리할 수 있어야 한다. 지금 부모들은 화에 대해 배울 기회가 없었다. 화의 정체를 알면 화를 조절하는 데 큰 도움이 된다. 아이들을 고함과 체벌이 아니고도 충분히 통제할 수 있다.

'화'의 정체 알기

매와 고함, 협박은 아이에게 겁을 주는 방식이다. 그러면 아이의 행동을 잠시 멈추게 할 뿐이다. 화의 본질은 체벌을 하느냐, 마느냐가 아니라 잘못된 행동을 어떻게 통제하느냐에 있다. 부모는 아이를 공격하지 않는 방법을 익혀야 한다. 강압적으로 통제하는 방식은 2가지의 문제점을 낳는다. 아이가 고함에 적응해버리고, 교육자의 권위를 잃는 것이다. 이성의 끈을 놓고 부모가 소리를 지르면 아이는 '엄마는 감정 조절을 못 하는 미숙한 사람'이라고 인식한다. 이런 생각이 쌓이면 부모를 따르지 않는다.

화는 복잡하고 예민한 감정이다. 무작정 화를 내거나 삭혀서 사라지지는 않는다. "아이랑 얘기하다 보면 화가 나서 나중에는 혼만 내고 있어요. 화내지 않는 방법이 없을까요?"라고 고민하는 부모들이 많은데, 차라리 대화를 시도하지 않는 편이 좋은지 묻는 부모도 있다. 대화를 나눌수록 자꾸 화가 올라오는 이유는 화를 참으려 하기 때문이다. 의지력을 갖고 인내하는 것은 지속되기 힘들다. 의지력에는 한계가 있어서 결국 참다가 아이에게 다 쏟아붓는다.

'흔들다리 효과(Suspension Bridge effect)'라는 말이 있다. 위기 상황에서 같이 있던 사람에게 호감을 느끼는 심리 현상이다. 인간의 뇌는 흥분과 사랑을 구분하지 못해서 긴장 상태를 사랑의 감정이라고 착각해버린다. 아드레날린은 교감신경의 흥분 상태에서 활발하게 분비되는 호르몬으로 긴장 상태에서도, 사랑할 때도 분비된다. 2005년 런던 지하철 폭탄 테러 생존자들을 대상으로 한 인터뷰에 따르면, 함께 죽음을 헤쳐 나온 사람들 사이에 전우애 같은 끈끈함 감정이 나타났다고 한다. 그들은 "1분 전까지 낯선 사람이었던 사람이 세상에서 가장 가깝고 중요한 사람처럼 느껴지는 경험을 했다"고 말한다. 실제로 재난 상황이 닥치면 오늘 처음 보는 낯선 사람과 남다른 유대감을 형성하는 현상이 나타난다. 화도 마찬가지다.

아이에게 폭언을 퍼부었던 그때의 화는 온전히 아이의 잘못된 행동 때문이었다고 말할 수 있을까? 문제는 손에 땀이 차고 심장 박동이 빨라지면 자신이 흥분하고 있다고 해석하는 것이 착각일 수도 있다는 데 있다. 우선 자신의 신체 반응을 살피고 잠깐이라도 자신의 감정을 들여다본다. 화가 폭발하려 할 때 '이 화가 정말 아이 때문인가?'를 찬찬히 따져보아야 한다.

이것은 일석삼조의 효과가 있다. 첫째, 폭발하던 화의 압력이 약해진다. 필요 이상으로 화를 내지 않는 것이다. 둘째, 아이의 행동에 대해 일관된 태도를 유지할 수 있다. 셋째, 아이를 크게 혼내놓고 나중에 후회하는 일도 피할 수 있다. 흔들다리 효과 때문에 아이에게 화를 냈다면 곧바로 사과해야 한다. 그래야 아이의 가슴에 상처나 반항심이 남지 않는다. "화내서 정말 미안해. 사실 너 때문에 화난 게 아니었는데"라며 정확히 사과한다.

'화'는 왜 생길까?

화는 의미 부여에 달렸다. 화는 사건에 의해 직접적으로 일어나는 게 아니라서 같은 사건을 두고도 누구나 똑같이 화내지는 않는다. 같은 사건이라도 의미를 다르게 부여하면 화가 발생하지 않는다. 사건 자체에는 아무 의미도 없으며, 그 사건을 자신의 가치관에 따라 비추어 보고 해석하면서 의미를 부여한다. 그 후 의미 부여에 따라 감정이 생긴다. 즉, 화가 나는 원인은 밖에 있는 것이 아니라 내 안에 있는 것이다. 의미 부여는 그 사람이 갖고 있는 가치관뿐만 아니라 평소의 사고방식이나 경험에 의해 결정된다.

화의 의미 부여 과정

1. 사건이 발생한다. (사건)
2. 발생 사건의 의미를 생각한다. (의미 부여)
3. 의미 부여에 따라 감정이 생긴다. (감정)
4. 감정에 따라 행동이 결정된다. (행동)

예시

1. 밤에 방이 어질러져 있는 것을 발견한다. (사건)
2. 게으르다. 일을 안 하려고 오늘은 피곤했나 보다. 꾀를 부리는 것이다. (의미 부여)
3. '몇 번을 말해야 알아듣는 거야. 내일 아침에 시켜야겠다.' (감정 생김)
4. 화를 내거나 윽박지른다. 이튿날 아침에 이야기한다. (행동 결정)

의미 부여에 따라 화를 내기도 하고 안 내기도 한다. 의미 부여를 달리 하면 화가 생기지 않는다. 불필요한 화에 얽매이지 않게 된다.

우선, 화에 대한 생각을 바꾼다. 생각들이 다른 방식으로 전환되면 말과 행동이 달라질 수 있다. 자신과 화라는 감정을 분리하여 화를 몸 안 어딘가에 가지고 있다고 생각한다. '너 때문에 화가 났어. 네가 날 미치게 하고 네가 날 무시했어'가 아니라 '그래, 나는 지금 화가 났어. 정말 화났어. 나는 지금 화라는 감정을 가지고 있어'라고 생각을 전환하는 것이다.

둘째, 화는 통제할 수 있다. 똑같은 상황에서도 엄마들은 아이와 둘이 있을 때와 다른 사람과 함께 있을 때 다르게 행동한다. 그러니까 화를 통제할 수 있는 능력이 있지만 화를 통제하고 싶지 않았던 것뿐이다. 화라는 감정을 충분히 다룰 수 있다고 믿는 것이 얼마나 중요한지 알 수 있다. 자신의 화를 들여다볼 수 있는 질문을 해보자.

화나게 만드는 대상은 누구였나?

화가 나는 상황은 어떠했나?

화를 나게 한 그 사람과는 어떤 관계였나?

두 사람 중에 보이지 않는 힘은 누구에게 더 있었나?

화를 낼 때 상대가 힘이 없는 사람이었을 때와 힘이 있는 사람일 때 어떤 차이가 있나?

화내지 않는 엄마 되기

화의 특징을 알면 이로 인한 나쁜 영향을 최소화할 수 있다. 첫째, 화는 다른 사람에게 전염된다. 감정은 전염되기 때문이다. 반항기 아이에게 영향을 받아 엄마도 감정적으로 변하는 경우가 있다. 아이가 감정적으로 대하는 건 성장 과정에서 찾아오는 행동으로 부모를 골탕 먹이거나 공격하려는 의도가 아니다. 아이의 감정에 민감해지는 것은 좋지만, 아이의 감정과 자신의 감정이 뒤섞이지 않도록 한다.

아이의 심기가 불편해 보이면 나도 덩달아 화를 내고 만다.

같은 공간에 짜증이 난 사람이 있으면 짜증이 나에게 전파된다.

상대방이 언짢은 대응을 하면 불쾌해진다.

둘째, 화는 습관이 된다. 화낼 때 자신이 강해진 것 같고, 상대방을 지배할 수 있을 듯한 기분이 들 때가 있다. 화를 터뜨림으로써 자신의 요구가 받아들여진 경험이 있으면 화로 사람을 지배할 수 있을 것처럼 착각한다. 그래서 화내는 행동이 습관이 된다.

심하게 화를 내면 아이도, 배우자도 말을 듣는다.

화를 내고 있을 때 스스로 강해진 느낌을 받는다.

화로 인한 고양감이 지배욕을 부추긴다.

셋째, 화는 다룰 수 있다. 자신에게 좀 너그러워질 필요가 있다. 자신에게 강요하는 게 많을수록 다른 사람에 대한 기대치도 높아질 수밖에 없다. 그러나 유연해지면 아이에게도 조금 더 너그러워지면서 화도 덜 내게 된다. 아이들은 경험하면서 배워가는 존재다.

밥은 꼭 엄마가 차려줘야 해.	→	밥하기 싫을 때는 나가서 먹자.
집 안은 늘 정리 정돈되어 있어야 해.	→	아이들의 마음이 편하게 놀게 해주자.
싸우는 건 나쁜 거야.	→	인간관계 속에서 싸움은 없을 수 없어. 지혜롭게 대처하면 돼.

넷째, 화에는 숨어 있는 마음이 있다. 아이가 준비물을 안 챙겨서 화가 난 것은 학교 생활을 잘할 수 있도록 돕고 싶었기 때문이다. 편식하는 아이에게 화가 났던 것은 아이가 골고루 먹도록 가르쳐 건강하게 성장하길 바랐기 때문이다. 화의 원인은 상대 때문이 아니라 그 당시 원했던 자신의 욕구가 좌절되었기 때문이라는 말이다. 화를 억

누르거나 상대에게 터뜨리기보다는 그 감정을 잘 보살피며 세밀하게 바라본다. 그리고 무엇 때문에 자신의 바람이 좌절됐는지 이해해줄 필요가 있다.

화가 날 때 말해주기	→	"내가 원하는 게 잘되지 않아서 불편하구나."
미안해질 때 말해주기	→	"내가 우리 아이에게 더 잘해주고 싶구나."

화내지 않고도 아이를 키울 수 있다

아이의 탄생은 많은 것을 바꾼다. 몸도 마음도 삶의 방식도 아이 중심으로 바뀐다. 모든 부모는 아이와의 단란한 시간을 꿈꾼다. 좋은 엄마가 되리라 다짐하고 다짐한다. 하지만 이상과 현실의 괴리가 크다. 아이에게 화가 나는 상황일 때 어떻게 대처해야 할지 미리 배워둔다. 그래야 실제로 아이가 화를 치밀게 하는 상황에서도 냉정하게 대처할 수 있다. 물론 마음속에서는 화가 치솟지만 배운 대로 화를 내는 대신 다른 형태로 바꾸어 아이에게 전달한다. 그리고 스스로 화내지 않고도 아이를 키울 수 있다는 믿음을 갖고, 아이와 심리적 거리감을 유지하며 화를 다른 방식으로 표현한다. 그러면 아이가 더욱더 행복하고 발전하는 아이로 자랄 것이다.

엄마의 생각 바꾸기 연습

화에 "또?"를 더해 온도를 높이지 않는다.

짜증을 내도 아무것도 바뀌지 않는다.
아이를 바꾸기보다 라이프 스타일을 바꾼다.

자신의 '핵심 신념'에 너무 매달리지 않는다. 허용 가능 범위를 넓힌다.

허용 범위를 넓히기 위한 환경을 만든다.

아이에게 구체적으로 어떻게 해야 하는지를 말한다.

'최소한'을 생각하면서 엄마의 '핵심 신념'을 유연하게 조절한다.

시작하기 전에 규칙을 만들고 바꾸지 않는다.

NO의 경계선을 확실하게 한다. 안 된다고 정한 일은 타협하지 않는다.

기다리는 시간을 아이의 성장 시간이라고 생각한다.

'이상적인 아이의 모습'을 훈육의 기준으로 삼지 않는다.

그 행동을 왜 해야 했는지를 아이 본인이 생각하도록 유도한다.

'왜?'가 아닌 '어떻게 하면?'을 통해 스스로 생각하게끔 한다.

가족이라도 상대방의 기분을 존중한다.

화내기보다는 문제가 무엇인지를 생각한다.

화에 깔려 있는 마음에 주목하자.

엄마가 화를 낼 때는 규칙이 있어야 한다

산케이 리빙 신문사에서 부모들을 대상으로 아이에게 화를 심하게 내고 후회한 경험이 있는지를 조사했다. 조사 결과 아이를 혼낸 사람은 80% 이상이었는데, 그중 화를 내고 후회한 사람이 84% 이상이었다. 화를 내본 적이 없다는 부모는 찾아보기 힘들다.

육아는 마음대로 되는 것 하나 없는 전쟁터와도 같다. 아직 인생 경험이 없는 아이를 상대로 하기 때문에 부모의 욕구가 쉽게 좌절된다. 아이와 외출하는 일도 순탄하게 진행되기 어렵다. 화는 자연스러운 감정이라 없앨 수 없으니 잘 지낼 필요가 있다. 화와 잘 사귀기 위한 규칙이 있다.

화의 원인과 대상

화를 내는 방식은 사람마다 다르다. 개인마다 강도와 빈도, 지속성에 차이가 있다. 어떤 상황에서 주로 화를 내는지도 다르다. 각자가 지닌 가치관에 따라 달라지는데, 자라면서 자연스레 생기는 것이기 때문이다. 내가 화나는 요소가 남과는 다르다는 사실을 자신도 모르는 경우도 있다. 화를 표출하는 공격성의 방향도 달라서, 스스로 자책하기도 하고 남 탓을 하기도 한다. 화를 다스리려면 가장 먼저 자신에 대해 객관적으로 알아야 한다. 그러려면 자신이 화나는 요소와 화내는 방식을 살핀다. 화가 나는 것이 당연하다고 생각했는데, 사실 그것에 집착하는 사람이 나밖에 없을 수도 있다. 화를 대하는 자신의 성격과 사고방식부터 살펴본다.

6가지 분노 유형

도덕심이 높은 사람(공명정대형)

❶ 나쁜 짓을 하면 심판받아야 한다고 생각한다.

❷ 내가 가르쳐줘야 한다고 생각한다.

❸ 매너나 규칙을 안 지키면 특히 더 화내고 만다.

완벽주의자(박학다재형)

❶ 자신의 역할은 완벽하게 해내야 한다.

❷ 답장과 행동은 빠르고 정확하게. 우유부단한 것을 보면 짜증이 난다.

❸ 나 자신에게도 타인에게도 엄격해지고 만다.

리더 기질을 가진 유형(위풍당당형)

❶ 나는 존중받아야 하고 모두 나를 따라야 한다고 생각한다.

❷ 목표를 달성하고자 하는 생각이 강하다.

③ 타인의 평가를 지나치게 신경 쓴다.

완고한 성격의 사람(외유내강형)

① 한번 결정하면 끝까지 해내야 한다.

② 내 생각은 옳다고 주장한다.

③ 자신의 방식을 고집하고 본인의 스타일대로 일을 진행하고 싶어 한다.

잔걱정이 많은 사람(철두철미형)

① 사전 준비는 철저하게 해야 한다.

② 남에게 마음을 열기가 힘들다. 타인과의 교제는 스트레스만 준다.

③ 남을 일방적으로 평가하기 일쑤다.

자유분방한 사람(천진난만형)

① 생각은 무조건 말로 표현해야 하고 일단 행동으로 옮겨야 한다.

② 자신의 주장을 내세우고자 하는 마음이 강하다.

③ 악의 없이 한 말로 충돌이 많다.

훈육의 5단계

부모의 화는 아이를 훈육하는 과정 중에 가장 많이 일어난다. 훈육의 단계와 규칙을 알면 화를 좀 더 현명하게 조절할 수 있다. 훈육의 효과를 높이는 단계와 규칙은 다음과 같다.

첫째, 아이에게 하지 말아야 하는 이유를 딱 한 번 설명한다. 아이의 행동을 제지할 때 반드시 그 이유를 설명해야 한다. 아이 입장에서도 정확한 이유가 있기 때문에 부모가 나를 통제한다는 신뢰가 생기도록 해야 한다. 이유를 알 수 없는 통제는 부당함을 느끼게 한다. 아무 이유 없이 마구잡이로 통제한다는 느낌이 들면 훈육의 시작이 잘못된 것이다. 설명은 반복해서 할 필요는 없다. 한 번이면 충분하다.

둘째, 아이에게 행동을 예고한다. 말로만 하는 훈육은 소용이 없다. 예를 들어 약을 먹지 않는 아이에게 "약은 아파서 먹는 거야. 먹어야지 낫지" 하고 우선 알려준다. 다음은 "안 먹으면 아빠가 붙잡고 먹일 수밖에 없어"라고 예고한다. 여기에는 불필요한 감정을 담지 않는다. "너 안 오면 아주 혼낼 거야!"라고 할 필요가 없다. 훈육을 승부로 만들기 때문이다. 이는 부모를 존경하지 못하게 하는 결정적 요인이 된다. 아이가 위험한 물건을 갖고 있다면 "위험하니까 엄마한테 줘"라고 한 번만 이야기한다. 계속한다면, "조절하는 게 어려우면 엄마가 도와줄게"라고 하면서 그 행위를 멈추도록 한다.

셋째, 숫자로 예고한다. 절차가 없는 훈육은 감정 싸움으로 바뀔 수 있다. 앞의 두 단계를 거친 후에는 예고하고 이행한다. 여기에서도 감정은 뺀다. 가장 좋은 예고법은 숫자를 세는 것이다. "어려우면 엄마가 도와줄게. 셋 셀 때까지 그만두지 않으면 엄마가 바로 갈 거야. 하나! 둘!" 하고 예고한다. 중요한 점은 아이가 스스로 상황에 맞게 행동할 수 있도록 기회를 주는 것이다. "엄마 지금 화났으니까 당장 옷을 입어!"와 "숫자 셋을 센 후에는 엄마가 묻지 않고 강제로 입힐 거야. 네가 선택해"에는 차이가 있다. 전자는 절차가 없지만 후자는 절차가 있다. 아이의 자기 결정권을 빼앗을 때는 절차가 중요하다.

넷째, 불필요한 감정을 빼고 말한다. 모든 아이들이 부모가 숫자를 센다고 말을 듣지는 않는다. 아이가 아랑곳하지 않고 지적받은 행동을 계속하면 부모는 단호한 행동을 보여주어야 한다. 단호함이란 아이에게 역정을 내는 것이 아니라 감정 없이 그 행동을 이행하는 것을 의미한다. 부모가 셋을 센 이후에는 반드시 약속대로 한다는 사실을 아이가 느끼게 해야 한다. 그래야 숫자를 세는 행동에 힘이 실린다.

그러나 모든 절차에서 아이가 복수심을 느껴서는 안 된다. 감정이 들어가면 아이는 복수를 당했다고 느낀다. 아이가 예상할 수 있는 절차를 거친다. 포위망을 좁히며 해나가는 것이 중요하다. 아이 스스로 좋은 선택을 하도록 유도하여 최소한의 힘으로 복수의 감정을 낳지 않고 행동을 제지하는 것이 중요하다.

다섯째, 저항할 때는 침묵하고 아이의 눈을 바라본다. 아무리 절차에 맞게 훈육해도 아이가 떼를 쓰고 울 수 있다. 아이가 한번에 바뀌기는 힘들다. 중요한 것은 아이가 울더라도 눈물 안에 복수심이 서리지 않도록 하는 것이다. 절차 없이 아이를 과하게 훈육하면 아이의 마음속에 복수심 같은 불필요한 감정을 남을 수 있다. 아이의 잘못이 1인데 부모가 2로 되돌려주면 아이는 자신의 잘못에 대해서는 반성하지 못한다.

화날 때 쓰는 엄마 말 처방전

대화는 주고받는 말만을 의미하지 않는다. 관계를 끈끈하게 하는 것도, 단절시키는 것도 대화다. 화가 났을 때 아이와 대화하는 법이 있다.

첫째, 아이와 '속 대화'를 나눈다. 아이와 좋은 관계를 맺을 수 있게 하는 속대화는 상대방의 입장을 고려한 이야기다. 예를 들면 장을 보고 엄마가 집에 돌아왔는데 현관에 들어서면서 방문 사이로 아들이

컴퓨터를 하고 있는 모습이 보인다.

예시 1 **엄마가 아들이 게임을 하는 것을 본 상황**

엄마: '저 녀석 공부는 안 하고 또 게임만 하고 있구나.'

엄마는 아들 방문을 열고 소리친다.

엄마: (겉대화) "또 게임해? 공부 안 할 거야? 당장 꺼. 엄마가 집만 비우면 게임이구나!"

예시 2 **똑같은 상황에서 엄마가 만약 이렇게 생각했다면?**

엄마: '컴퓨터 앞에 앉아 있네? 뭘 하고 있는 걸까? 숙제는 했을까? 물어봐야겠다.'

엄마는 아들 방문을 열고 물어본다.

엄마: (속대화) "아들, 컴퓨터 앞에 앉아 있네. 숙제 끝냈나 보구나. 고생했네."

대화를 어떻게 하느냐에 따라 두 사람의 관계가 결정된다.

둘째, 대화에 인정 대 비난을 5 대 1로 적용한다. 하버드 대학교 협상심리연구센터 소장인 다니엘 샤피로는《원하는 것이 있다면 감정을 흔들어라》에서 "상대의 핵심 관심을 잘 파악하는 것이 좋은 관계를 맺을 때 굉장히 중요하다"라고 했다. 아이와 엄마의 관계도 마찬가지다. 이를 증명하기 위한 실험이 있다. 사랑하는 가족과 커플끼리 각자 방에 들어가서 그들이 최근에 겪은 갈등에 대해 이야기를 나누게 했다. 그리고 관찰 기록을 분석해서 3년 뒤, 5년 뒤, 10년 뒤까지 그들의 관계를 예측했더니, 정확도가 90% 이상이었다. 어떤 사람들은 10년 뒤에도 잘 지내고 있고 어떤 사람들은 관계가 깨졌는데, 그 차이는 대화 방법에 있었다.

실험에 참여한 사람들은 모두 갈등과 다툼이 있었다. 상대를 비난하고 상대를 인정하는 '인정 1 대 비난 1'의 비율을 가진 커플은 관계가 좋지 않게 끝났다. 반면 갈등을 경험하면서도 수년 동안 좋은 관계를 유지하는 커플은 인정과 비난의 비율이 1 대 1이 아니라 5 대 1이었다. 아이들과의 관계에서도 평소에 인정을 통해 좋은 감정을 저축하는 것이 중요하다. 아이와의 관계 통장에 틈나는 대로 좋은 감정 저축해두어 인정 잔고가 충분하면 엄마와 아이의 관계가 엄마의 화에도 흔들리지 않는다.

화의 건설적인 사용 방법

화를 내는 것은 현재의 상태를 바꾸고 싶은 마음의 표현이다. 화를 계기로 지금의 상황을 더 좋은 방향으로 바꿔갈 수 있다. 화에 관해서 정확히 알고 지배당하지 않는 것이 건설적이다. 화는 자연스럽게 내 안에서 솟아오르지만 화를 어떻게 줄일지, 어떤 방식으로 표현할지는 자신이 스스로 결정할 수 있다. 화의 규칙을 알면 자신이 변함으로써 주위에 어떤 영향을 주는지 실감하고 자신의 변화에 의의를 둘 수 있다. 아이도 부모의 변화를 바로 알아차리고 화내지 않고 지내는 것이 얼마나 기분 좋은 일인지 깨닫는다.

화를 관찰로 표현하는 엄마의 말

- 관찰: 판단, 평가, 해석을 배제하고 있는 그대로의 자극, 사실에 대한 관찰

- 느낌: 그 자극에 대한 나의 정서적, 신체적 느낌
- 욕구/필요: 내가 원하는 것, 필요로 하는 것, 중요하게 여기는 것
- 요청/부탁: 지금 할 수 있는 구체적인 행위, 방법을 부탁

화를 다루는 말(아이의 인격을 평가하는 대신 행동을 설명)

넌 말썽꾸러기야.	→	동생을 때렸구나.
넌 이기적이야.	→	동생한테 양보를 안 했네.
넌 게으름뱅이야.	→	아직 씻지 않았구나.
넌 마음이 너그러워.	→	동생에게 양보했구나.
넌 착해.	→	동생을 도와주었구나.
넌 의젓해.	→	약속을 잘 지켰구나.
너는 산만해.	→	준비물을 잊어버렸구나.
너는 소심해.	→	발표를 안 하는구나.
너는 수다쟁이야.	→	1시간 동안 말을 했네.
너는 철이 없어.	→	아기 때 장난감을 가지고 노는구나.

화가 날 때 부모에게 필요한 말이 있다

모든 것이 완벽한 부모는 없다. 이상적인 부모 모습을 머릿속에 그리며 스스로를 미워하는 부모가 있다. 아이가 버겁게 느껴질 때, 부모 노릇을 그만두고 싶을 때, 내 아이인데도 예쁘게 보이지 않을 때 등 부모 자신이 싫어질 때가 있다. 왜 부모가 되어 이렇게 살고 있는지 후회스러운 마음이 들기도 한다. 아이에게 소리를 지르며 자신의 감정을 폭발시켰을 때는 큰 죄책감마저 든다. 스스로 "나는 정말 형편없는 부모야"라고 자책하기도 한다. 할 수만 있다면 아이에게 완벽한 부모이고 싶어 한다.

인공지능 엄마

영미 합작 드라마 〈휴먼스〉는 인공지능에 인간이 지배받는 세상을 그리고 있다. 아빠는 늘 바쁜 엄마의 빈자리를 채우기 위해 로봇을 구입한다. 로봇은 식사도 훌륭하게 차리고 가족들에게 필요한 일도 절대로 잊어버리지 않는다. 짜증도, 화도 내지 않는다. 가족 모두가 로봇을 좋아한다. 그 모습에 엄마는 큰 위기감을 느낀다. 만약 로봇이 엄마 역할을 대체하면 어떤 일이 일어날까? 정말로 완벽한 로봇 엄마가 있다면? 아이의 필요를 정확하게 알고 늘 상냥한 완벽한 로봇은 아이에게 정말 좋은 엄마일까?

영국의 소아과 의사 겸 정신분석학자인 도널드 우즈 위니컷은 대상 관계 이론과 발달심리학 분야에 많은 영향을 주었다. 아기가 태어나 얼마 동안은 아이의 욕구를 바로 알고 민감하게 응해주는 완벽한 엄마가 필요하다. 이를 위니컷은 1차적 모성 몰두(primary maternal preoccupation)라고 했다. 아이를 낳고 3~4개월 동안 자신도 모르게 아이에게 몰입하는 시기다. 엄마가 아이와의 상호작용에서 완전히 자신을 잃고 아이의 욕구와 감정에 전부 흡수되어버린다. 그래서 아이가 필요한 것이면 무엇이든지 제공해주려 한다. 모성의 몰입은 아이의 기본적인 욕구를 충족시켜서 아이에게 안정감을 느끼게 한다. 안전하게 자아가 발전할 수 있는 환경이 된다.

위니컷은 부모가 아기에게 빠른 반응을 보이는 것을 아기는 마법처럼 느낀다고 말한다. 배가 고프면 음식이 주어지므로, 아이는 자신이 모든 것을 만들어내는 창조의 원천으로 느낀다. 이러한 힘을 느끼는 것은 아기의 확신감과 호기심의 기초가 된다. 누군가가 자신의 불편함을 해결해주면 아이는 만족감과 함께 '전능감'을 느낀다. 이런 완벽한 모성의 반응을 통해 아기는 자신과 세상에 대한 신뢰감을 느끼고, 절대적인 의존의 시기를 보낸다. 이것이 아이의 자아 발달과 자아 정체성의 기본이 된다.

아이는 자라면서 엄마에 대한 의존성이 줄어들면서 외부 세계와 자신을 구분한다. 엄마는 아이에게만 몰두하는 1차적 모성 몰두의 완벽한 상태에 머물 수 없으므로 정상적인 상태로 돌아온다. 그러다 보면 아이의 욕구에 반응해주지 못할 때가 있어서 아이를 좌절시키고 실망시킬 수 있다. 위니컷은 아이가 양육자에게 느낀 실망감 덕분에 절망하지 않고, 오히려 자신을 독립적인 존재로 인식하기 시작한다고 주장한다. '절대적 의존기'에서 '상대적 의존기'를 거쳐 점점 독립에 이르는 것이다.

아이에게 실망을 주는 엄마가 오히려 아이를 성장시킨다고 한다. 위니컷은 아이에게 필요한 엄마는 실수하지 않는 엄마, 헌신적인 완벽한 엄마가 아니라 '충분히 좋은 엄마'라고 했다. 물리적으로나 심리적으로 아이를 안아줄 만한 환경을 제공하는 엄마라면 충분히 좋다는 의미다. 또한 아이는 부모에게 실망할 때 성장한다.

아이의 독립 과정				
내가 최고야.	→	우리 엄마가 최고야.	→	엄마도 사람이구나.
절대적 의존기	→	상대적 의존기	→	독립

화날 때 필요한 마음가짐

아이의 모든 욕구를 들어주는 것이 엄마의 역할도 아닐뿐더러 아이의 성장을 위해서도 좋지 않다. 실제 육아 현장에서는 아이와의 마찰로 힘겨운 상황이 비일비재하다. 그때 부모가 가져야 할 마음가짐이 있다.

첫째, 가만히 앉아 침묵한다. 화를 말로 표현하지 않는 것이다. 아이들은 부모의 미소를 가장 좋아하고, 부모에게 무시당하는 것을 가장 못 견딘다. 그러면 아이는 불안해져서 하던 행동을 멈추므로, 무시는 화내는 것보다 효과적이다.

둘째, 감정을 흘려보낸다. 아이가 말도 안 되는 일로 떼를 쓰면 그 시간을 그냥 흘려보낸다. 그러면 아이는 자신의 예상과 다른 반응 때문에 시시하다고 생각하고 떼쓰는 것을 멈춘다. 흘려보내는 말을 하면 아이는 부모에게 무시당했다고 생각하지 않는다.

흘려보내는 말
어~, 그랬구나.
그게 싫었구나.
그럴 수도 있었겠다.

셋째, 자신에게 객관적으로 말을 건다. 화내고 있는 자신의 모습을 위에서 스스로 내려다본다고 생각하는 것이다. 객관적으로 자신과 아이를 지켜보면, 소리를 지르며 꼴사나운 나의 모습을 직시하면서 화가 저절로 가라앉는다. 자기 자신에게 공감하고 질문하면서 자신의 상태를 인지하면 문제를 어떻게 해결해야 할지 생각할 힘이 생긴다. 그러면 스스로 화를 다스리는 법을 깨닫는다.

화가 났을 때의 생각 순서

아, 내가 지금 화가 났구나. 많이 힘든가 보다.
내가 왜 이렇게 화가 났을까?
무엇이 나를 이렇게 화나게 한 걸까?
아이가 물을 쏟아서 화가 나는 것일까? 처리해야 하는 일에 화가 나는 것일까?
나는 화가 날 때 어떻게 화를 내지?

화를 제대로 표현하는 방법

화가 나는 순간에 화를 낸다고 문제가 해결되지는 않는다. 하루에도 화가 열댓 번은 더 났다가 가라앉았다가 한다. 그러나 화는 또 다른 화를 부를 뿐 제대로 된 해결책이 아니다. 이때가 바로 아이를 바르게 가르칠 기회다. 부모가 화가 난 자신을 인지하고 화를 다스리는 모습을 아이에게 보여주면, 아이는 그 행동을 배워 그대로 행동한다. 화가 나는 순간 무작정 화를 내면 아이는 부모가 화를 내는 이유를 잘 알지 못한다. 부모의 생각을 말로 전하지 않으면 아이가 부모의 생각도, 감정도 알 수 없으니, 아이에게 제대로 표현해야 한다.

첫째, '나 전달법(I-Message)'으로 전달한다. 자신의 1차 감정을 알아챘다면 그것을 말로 표현한다. 이때 '너'를 주어로 놓고 말하면 따지는 것 같은 인상을 준다. 나 전달법은 '나(I)'를 주어로 놓고 말하는 방법이다.

슬픔	→	몇 번을 말해도 네가 안 들어주면 (내가) 슬퍼.
초조함	→	무심코 말을 심하게 하는 건 (내가) 초조하기 때문이야!
불안	→	이대로라면 (내가) 불안해.

둘째, 자신과 대화한다. 부모의 마음과 생각을 아이에게 고운 말로 잘 전달하면 아이가 부모를 한 번 더 생각하고 부모의 마음에 공감할 기회가 된다.

1) 부모가 자신의 기분에 대해 묻기

(나는) 오늘 기분은 어때?

(나는) 오늘 뭐 하고 싶니? 먹고 싶은 것은 없어?

(나는) 무얼 좋아할까?

(나는) 무얼 하고 싶을까?

2) 자신이 하고 싶은 것 생각하기

자신과 대화하고 알아차린 것을 실천해본다. 그렇게 한 것은 아이에게 알려준다.

엄마는 오늘 ~가 먹고 싶었어.

엄마가 먹고 싶은 ~을 만들어서 먹었어.

엄마는 오늘 엄마에게 선물을 주는 날이야.

엄마가 하고 싶은 일을 한 가지 했어. 그래서 기분이 좋아.

셋째, 화가 날 것 같은 상황을 미리 그려본다. 어떻게 하면 아이에게 화를 내는 상황에서 벗어날 수 있을까? 아이에게 화가 날 것 같은 상황을 구체적으로 그려보고 어떻게 말할지 미리 생각해둔다. 아이의 연령과 성격을 감안해 적절한 말을 고른다.

예시 아이가 물을 엎질렀을 때

어이쿠, 물을 엎질렀구나.
→ 내가 못살아.(×)
→ 가서 행주 가져올래? 엄마랑 같이 닦자.(○)
→ 어머, 이 물을 어쩌면 좋을까? 다 젖기 전에 얼른 치우는 게 좋을 것 같아.(○)

화를 조절하는 부모

엄마가 감정이 이끄는 대로 화를 내면 아이는 편하게 마음을 놓지 못한다. 부모 교육 전문가들은 "문제 있는 아이는 하나도 없다. 문제 있는 부모만 있을 뿐이다"라고 말한다. 아이 문제의 원인은 대부분 부모의 양육 태도에서 비롯된다. 부모가 감정적으로 화를 내는 것과 아이가 생각하는 힘을 기르는 것은 밀접한 관련이 있다. 감정적으로 대하면 아이의 생각하는 힘이 무럭무럭 자랄 수 없으므로, 감정적으로 아이를 대하지 않도록 노력해야 한다.

화내는 엄마는 공격적인 아이를 만들며, 생각하는 힘을 기르는 데 나쁜 영향을 미친다. 감정을 그대로 드러내서 아이에게 화를 내면 안 되는 가장 큰 이유다. 아이가 자유롭게 생각을 펼쳐나가려면 그만큼 부모의 마음에 여유가 있어야 한다.

화를 조절한 엄마의 말투

엄마의 사랑을 아이의 마음에 전달하는 가장 좋은 방법이다.

쉬는 화장실에서 해야지.	→	화장실에서 쉬하면 시원하단다.
딴짓하지 말고 얼른 밥 먹어.	→	중학생이 되어서도 놀면서 밥을 먹는 아이는 없어요.
이제 혼자서도 걸을 수 있잖아.	→	엄마 품에 안기고 싶었구나.
대체 언제까지 울래? 엄마도 울고 싶다. 우리 같이 울자.	→	울고 싶을 만큼 속상하구나.
빨리빨리 좀 해.	→	엄마는 여기서 기다리고 있을게.
왜 이런 짓을 하는 거야?	→	이게 하고 싶었구나.
얼른 옷 갈아입어.	→	시계의 긴 바늘이 6에 갈 때까지는 할 수 있겠지?
빨리 서둘러. 버스 떠나겠다.	→	앞으로 20분 남았네.
숙제부터 하고 놀아.	→	~시까지는 숙제하고 내일 준비물을 챙겨두자.
심부름 좀 해야지. →	→	이건 엄마한테 진짜 도움이 된단다.
좀 더 또박또박 쓸까?	→	이 글자는 뭐라고 썼는지 알려줄래?
빨리 해.	→	언제 할 건지 알려줄래?
숙제 다 했어? 얼른 해.	→	초등학생이 되니 해야 할 일이 많구나.

부모의 육아 유형을 알아야 화를 조절할 수 있다

부모는 자신만의 육아관을 가져야 한다. 보통의 부모들은 자신의 부모로부터 경험했던 육아관을 그대로 자신의 아이에게 적용할 뿐, 육아에 대해 제대로 배운 적이 없다. 아이에 대한 막연한 기대를 육아관으로 삼기도 한다. 그러면 일관적이지 못한 선택을 반복하여 문제가 생긴다. 자신의 부모가 자신에게 한 기대를 아무런 고민 없이 아이에게 그대로 투영하면, 부부가 함께 만든 육아관이 아니기 때문에 같은 상황에서도 부부가 서로 다른 관점을 취하면서 마찰이 잦아진다. 그러므로 자신과 맞는 이론을 찾아 아이의 행동을 이해해보고 어떤 관점에서 해석할지 생각하면 육아가 더욱 안정적이게 된다.

심리학의 육아 이론

심리학의 이론들은 인간의 행동을 어떻게 해석할 것인가에 관한 이야기다. 아이의 행동을 이해하면 육아는 훨씬 덜 혼란스러워진다. 그러면 안정된 마음으로 아이를 대하고 육아에서 어떤 것이 중요한지 알 수 있다. 심리학은 아이가 자라는 과정에 대해 많은 정보를 주기 때문에 건강한 육아관을 설계하는 데 큰 도움이 된다. 아이가 건강하게 성장하기 위해 무엇이 필요한지도 알 수 있다. 발달 단계를 근거로 아이에게 무리가 되는 점은 없는지 점검할 수도 있다. 부모의 왜곡된 생각도 발견 가능하다. 이는 지도와 같아서 우리가 어디쯤 있는지, 목적지까지 어떤 길을 지나가는지 미리 알 수 있다. 설령 잘못 가고 있더라도 지도를 보면 길을 바로잡을 수도 있다.

아이를 이해하는 데 도움이 되는 첫 이론은 정신분석이다. 정신분석 전문가들은 인간의 행동은 무의식의 영향을 받는다고 말한다. 아이에게 문제가 생기면 과거에 채워지지 못한 욕구나 상처 때문이라고 여긴다. 어린 시절에 채우지 못한 욕구나 상처는 잘 기억이 나지 않기 때문이다. 빙산처럼 수면 위에 드러나는 부분은 의식의 영역이다. 물에 잠겨 있는 부분은 기억이 잘 나지는 않지만 확실히 존재하는 무의식의 영역이다. 정신분석 이론에서는 아이에게 해결되지 않은 욕구가 없어야 하므로 내면의 상처가 생기지 않도록 신경 써야 한다고 말한다. 과거 경험은 현재 행동의 원인으로 보기 때문이다.

정신분석 이론 전문가들의 접근법

"아이를 키우면서 엄마가 초기에 스트레스를 많이 받으셨나요?"

"돌 전에 주양육자가 자주 바뀌지 않았나요?"

"아이에게 해결하지 못한 욕구나 상처가 있는지 생각해볼까요?"

두 번째는 행동주의 이론이다. 행동주의 전문가들은 아이 행동의 앞뒤에 어떤 자극이 있었는지를 살피고 행동의 원인을 현재에서 찾는다. 해결 방법도 현재의 시점에서 명료하게 제시한다. 생리학자인 파블로프의 개는 행동의 앞뒤 맥락을 중요시한다. 아이가 등원을 거부하면 무언가 좋지 않은 경험과 등원이 연결되었다고 본다. 등원 전후에 있었던 일을 살핀다. 아이가 싫어하는 자극을 없애주는 등의 적극적인 개입이 가능하다. 보상과 벌도 모두 행동주의적 관점에서 비롯된 방법이다.

행동주의 이론 전문가들의 접근법

"최근 어린이집에 갈 때 아이에게 특별한 사건이 있었나요?"

"아이가 어린이집을 거부하며 떼쓸 때 어떻게 반응하셨나요?"

세 번째는 인지 발달 이론이다. 이 이론은 아이들의 자발적 힘을 믿으며, 부모는 믿고 기다려주면 된다고 생각한다. 아이들은 이미 잘 자랄 수 있도록 프로그래밍이 되어 있으므로, 부모가 적극적으로 개입하거나 일일이 가르칠 필요가 없다고 주장한다. 아이의 주도적인 성장을 지켜보고 부모는 지지하기만 해줘도 충분하다고 말한다. 아이의 정서와 인지 발달에도 순서가 있으므로 아이의 모든 행동을 정상적인 과정으로 여긴다. 아이가 자라나는 순서가 있다고 여기므로 부모들의 심리적 부담감이 덜하다.

"우리 아이들에게는 순서가 다 있으니, 조금만 더 기다려보시죠."

부모의 양육 태도가 중요한 이유

부모가 밝게 변하면 아이가 변한다. 아이가 변하면 한 가정이 변하고 사회도 변한다. 아이를 위한 최고의 선물 중 하나는 부모의 자존감이다. 혈연을 넘어 멘토로서 훌륭한 역할도 할 수 있고, 부모의 자존감이 높으면 아이를 좀 더 여유 있게 바라볼 수 있다. 아이의 자존감이 높으면 자신이 가진 재능을 발휘하며 당당하게 행복한 삶을 만들어갈 수 있다. 아이를 다그치고 협박하며 명령하는 방식으로 육아하고 있다면 엄마의 자존감이 낮기 때문이다. 낮은 자존감으로 인해 엄마의 불안감이 증폭되면 그 영향은 고스란히 아이들에게 전해진다.

1930년 하버드 대학교에서 재학생 200여 명과 빈민가 20대 500여 명을 대상으로 '행복'에 대한 연구를 시작했다. 75년간에 걸친 연구로, 행복의 가장 결정적인 요소를 찾는 것이었다. 그랬더니 부, 성공, 명예, 노력 등과 같은 요소보다 사람의 관계가 더 중요했다. 역경과 좌절이 닥쳤을 때 긍정이 회복 탄력성을 주며, 인간관계가 좋으면 출신에 상관없이 행복하게 장수했다. 아이에게 중요한 사람들이 얼마만큼 아이에게 어떤 자극을 주느냐에 따라 아이의 행복이 결정된다.

아이의 존재를 인정해주는 모든 자극을 '스트로크'라고 하는데, 사전적 의미는 '~을 치다, ~에 영향을 주다'라는 뜻이다. 스트로크는 부모의 사랑과 지지를 뜻하며, 아이를 인정하고 수용하는 모든 말과 행동이다. 아이들은 부모로부터 적절한 스트로크를 받아야 건강하게 성장할 수 있다. 사람에겐 생리적 욕구와 심리적 욕구가 동시에 존재한다. 생명을 유지하는 것과 관련된 생리적 욕구와 함께 심리적인 만족을 얻으려는 욕구가 있다는 말이다. 부모는 스킨십이나 눈짓, 표정, 몸짓으로 아이의 감정을 읽는다. 부모 자신의 감정을 아이에게 전달하기도 한다. 부정적인 스트로크가 일상화되면 아이의 정서는 심각한 장애를 입는다.

아이가 성장하면서 부모나 양육자로부터 받는 신체적인 접촉의 욕구는 칭찬이나 격려 등 정신적 욕구로 바뀐다. 겉으로는 이런 욕구들이 별 차이가 없어 보이지만, 모두 자신의 존재를 인정받기 위한 욕구다. 생존하기 위해 음식을 먹어야 하듯 아이들은 스트로크를 먹고 사는 존재다. 아이들의 모든 행동은 스트로크를 얻기 위해서다. 부모가 아이에게 스트로크를 주지 않으면 정서적 기아 상태에 빠진다. 이 부족한 스트로크를 보충하기 위해 장난이나 나쁜 짓을 반복한다. 부족한 스트로크를 만족시키기 위해서 부정적인 자극을 찾는 것이다. 이렇듯 부모의 양육 태도가 아이의 행동 특성을 결정한다.

부모 스스로가 '독립심'을 제일 중요하게 생각해서 자신의 기준을 아이의 육아관에 적용하면 방임과 같은 위험한 일이 벌어질 수도 있다. 아이를 '독립적인 아이로 키워야겠다'는 육아관을 세우려면 우선 아이의 독립심이 어떤 과정으로 발달하는지 알아야 한다. 독립심이 생길 때까지 아이에게 필요한 것은 무엇인지도 파악이 필요하다. 발달 단계상 아이의 요구가 어느 수준인지 알아야 아이에게 부담감을 주지 않는다. 부모가 이렇게 스스로 공부하고 고민하고 결정한 육아관은 체계적일 수 있다.

첫째, 자기를 부정하고 타인을 긍정하는 양육 유형이다. 양육자가 아이가 보이는 신호에 잘 반응해주지 않을 때 아이는 좌절을 경험한다. 제대로 된 돌봄을 받지 못하면 자신은 사랑받기 힘든 존재라고 스스로를 인식한다. 아이가 성장하면서 부모로부터 꾸지람만 들으면 자신이 항상 열등하다고 생각한다. 그러면서 자기 부정과 타인 긍정의 태도가 생기면서 자신을 부족하고 무가치하게 느낀다.

둘째, 자기와 타인을 모두 부정하는 양육 유형이다. 아이는 자라면서 하면 안 되는 것들을 체험한다. 부모의 제재가 강할수록 아이는 자신을 무능하다고 여긴다. 그리고 주변에서 버림받았다는 느낌이 자타 부정의 태도를 만든다. 아이가 자타 부정의 태도로 성장하면 사회생활을 하면서 실패를 자주 경험하고 진취적이지 못하다. 인간관계도 원만하게 이뤄질 수 없다. 인생의 방향을 설정할 수 없는 것이다.

셋째, 자기를 긍정하고 타인을 부정하는 양육 태도다. 부모가 아이를 잘 돌봐주어 긍정적이었던 아이가 장기간 혼이 나면 이런 태도를 갖는다. 아이는 의존할 곳이 없어 스스로를 위안하며 자신을 도와주는 사람은 아무도 없다고 생각한다. 부모가 엄격하게 처벌할 경우 아이는 자신을 지키기 위해 부모를 미워한다. 그리고 잘못이 언제나 상대에게 있다고 느낀다. 이런 태도를 가진 아이는 자기애가 지나치며, 친구를 자신에게 복종시키거나 마음대로 휘두르려 한다.

넷째, 자기와 타인 모두 긍정하는 양육 태도다. 자신의 가치와 타인의 가치를 모두 인정하는 가장 좋은 태도로, 자신과 타인에 대해 스스로 감사하며 친근함과 신뢰의 감정을 가진 행복하고 건전한 인생 태도다. 유아기에 부모에게 따뜻한 마음으로 기분 좋은 접촉이나 관심, 사랑을 받으며 자라면 그 체험이 긍정적인 생각으로 자리 잡는다. 이렇게 긍정적인 인생 태도는 유아기의 체험을 거쳐 현실에서 다양한 경험과 신념을 거쳐 자신의 인생 태도로 구축된다.

자신만의 육아관 세우기

부모의 육아관은 아이를 키우며 수많은 선택에 중요한 영향을 미친다. 아이가 어떻게 자라길 기대하고 있는지, 아이의 성장에서 가장 중요하다고 생각하는 것이 무엇인지를 고민한다. 그 시간이 지나고 나면 '건강한 육아관'이 세워진다. 진지한 고민을 통해 구축한 육아관은 아이에 대한 불안을 잠재울 수 있다. 아이의 미래를 바라보며 진취적이고 긍정적인 양육 태도를 갖게 된다.

엄마의 4가지 인생 태도

1) 자기 긍정의 태도

자신감이 있다.
자신의 생각이나 느낌을 소중히 여긴다.
사랑받고 있다는 안정감이 있다.
자신이 사랑받을 가치가 있다고 여긴다.
현재의 자신의 모습을 잘 받아들인다.

2) 자기 부정의 태도

자신의 능력이나 감정에 자신이 없다.

항상 열등감을 가지고 있다.

무엇을 하더라도 불안하다.

압박감을 느낀다.

'어차피 나는 안 돼'라는 자기혐오나 자기 비하에 빠진다.

3) 타인 긍정의 태도

상대방을 신뢰한다.

상대방에게 감사한다.

상대의 존재를 인정한다.

상대의 장점에 집중한다.

상대의 인격이나 능력을 유연하게 인정할 줄 안다.

4) 타인 부정의 태도

타인을 기본적으로 신뢰하지 못한다.

비판적이다.

타인이 자신을 이용하고 있다고 생각한다.

상대가 자신을 속일 것이라고 가정한다.

무관심하고 냉담하다.

부모가 자신을 알아야 부모 유형을 알 수 있다

나는 어떤 스타일의 부모일까? 모든 부모는 자신이 되고 싶은 이상적인 모습이 있다. 그러나 자신이 어떤 사람인지 잘 살피지 않는 경우가 많다. 부모도 각자의 성향이 있다. 낯선 환경에 신선함을 느끼는지, 공포심을 갖는지, 낯선 사람들을 만나는 것을 좋아하는지 등 각자 갖고 있는 성향과 기질이 다르다. 자신이 어떤 유형의 사람인지를 알아야 아이의 발달을 위해 무엇이 필요한지를 파악할 수 있다. 자신을 어떻게 바꿔야 하는지도 알게 된다. 육아를 통해 오랜 기간 갇혀 있어 알지 못했던 자신을 불러내게 된다. 육아의 시간은 더 나은 자신을 알 수 있는 기회가 된다.

부모의 4가지 유형

2016년 초록우산 어린이재단에서 부모들을 대상으로 '부모 교육을 통해 배우고 싶은 내용이 무엇인가?'라는 설문을 진행했다. 부모 700명 중의 72.1%가 '아이와 공감하는 법'을 1순위로 꼽았다. 아이들과 소통하고 싶어 하는 부모들이 많다는 결과다. 오랫동안 학생들을 가르치면서 많은 엄마를 만나면서 엄마들의 성향을 대략 4가지 정도로 나눌 수가 있었다.

첫째는 '아이를 도와주고 가르쳐주려는 엄마 유형'이다. 아이가 무엇을 필요로 하고 원하는지 잘 아는 엄마는 아이를 적극적으로 가르친다. 그런데 세상에 아이를 내놓는 것이 불안해서 자신이 도와줘야 안심하는 유형이다. 이것이 지나치면 아이가 스스로 배우는 기회를 빼앗아서 점점 자신의 생각을 말할 필요를 느끼지 못하고 수동적인 아이로 자랄 수 있다.

두 번째 엄마 유형은 '무관심한 엄마'다. 아이가 무슨 생각을 하는지 엄마가 도통 모르면 엄마가 아이에게 다가가더라도 금세 포기해 버린다. 이런 엄마의 아이들은 말을 걸어도 대답이 없다. 대화를 시도해도 반응이 느리거나 소극적이다. 엄마와 아이가 대화를 나누지 않기 때문에 점점 더 아이는 대화에 반응하지 않는다. 엄마도 아이도 서로에게 점점 무관심해지면 사랑을 잘 못 느끼는 관계가 된다.

세 번째 엄마 유형은 '재촉하는 엄마'다. "우리 아이는 무슨 일만 시켰다 하면 아주 세월아, 네월아 해요"라고 자주 말하는 엄마다. 아이를 키우다 보면 눈코 뜰 새 없이 바쁘다. 자연스럽게 아이를 재촉하면서 "얼른 밥 먹자", "빨리 일어나" 등을 자주 이야기한다. 이때의 아이 기분은 어떨까? 아이들은 엄마가 왜 그러는지 도통 이해할 수가 없다. 시간 개념이 아직 확실히 자리 잡지 않은 아이들은 한없이 여유롭다. 왜 서둘러야 하는지 이해하지 못하기 때문이다. 엄마의 재촉은 아이에게 스트레스일 뿐이다. 아이는 점점 엄마를 피하게 된다.

네 번째 엄마 유형은 '친구 같은 엄마'다. 아이 수준에 맞춰 아이와도 즐겁게 놀며, 어떻게 함께 있는 시간을 편안하고 즐겁게 보낼까 고민한다. 아이와의 의사소통에 정성을 기울이는 엄마는 공감하려고 애쓰며 이런 친구 같은 엄마가 되기를 원한다. 아이들도 엄마와의 소통을 편하게 생각하며 정서적 부분에도 신경을 많이 쓴다.

미국의 가족 치료 전문가 존 가트맨 박사는 아이와 소통을 잘하는 '감정 코치형 엄마'를 가장 이상적인 부모라고 했다. 아이의 마음에 잘 공감하고 아이의 성적이 떨어져도 속상함을 드러내기보다 먼저 아이의 마음을 챙긴다. "열심히 했는데도 생각만큼 성적이 안 나와서 속상하겠네." 아이가 속상해하면 "속상하지?"라고 하거나 힘들어하면 "힘들지?"라며 아이의 마음을 위로한다. 이런 부모가 되려면 평소 아이를 잘 관찰해야 한다. 마음을 알아주는 부모 앞에서 아이는 진심으로 위로받고 스스로 해결 방법도 세운다. 부모는 해결사가 아닌 '상담사'가 되어야 한다고 말했다.

애착 유형과 엄마 유형과의 관계

고아원에서 지낸 아이들이 신체 발달과 정신 기능이 지체되어 있다는 것을 알게 된 존 볼비는 애착에 대해 연구하여 애착 이론을 주장했다. 애착이란 아이와 양육자 간에 형성되는 친밀한 정서적 결속이다. 아이에게 필요한 것을 양육자가 민감하게 알아채고 따뜻하게 반응하면 아이는 세상과 자기 자신에 대한 신뢰감을 형성한다. 따라서 애착은 자기와 타인에 대한 틀을 만든다. 애착 이론에서는 내적 작동 모델이라고 한다.

아이는 부모와의 관계를 통해 내적 작동 모델을 만든다. 건강하고 긍정적인 내적 작동 모델을 갖추면 타인과 긍정적으로 관계를 맺게 된다. 안정된 애착 관계는 긍정적인 내적 작동 모델을 형성하지만, 부정적인 내적 작동 모델이 형성되면 자신과 타인을 믿지 못한다. 내적 작동 모델은 현재뿐만 아니라 미래에도 큰 영향을 미치며, 다양한 인간관계에 지속적으로 영향을 주기 때문에 중요하다.

부모에게 긍정적인 내적 작동 모델이 형성되어 있으면 자신뿐만 아니라 아이와도 건강한 관계를 자연스럽게 맺을 수 있다. 부정적인 내적 작동 모델이 형성되었다면 아이와의 관계에서도 지나치게 집착하거나 아이와 친밀해지지 못한다. 부모 자신이 갖고 있는 내적 작동 모델이 아이와 관계를 맺는 데 중요한 영향을 끼친다.

부모가 되면 당연히 아이를 사랑하는 줄로 알지만, 아이와의 관계를 부담스럽다고 느끼는 부모도 있고 아이에게 너무 집착하는 부모도 있다. 사회에서 맺는 인간관계는 안 보면 그만이지만, 아이는 피할 수 없을 만큼 밀착된 관계다. 부모는 아이를 키우며 인간관계에 대한 심리적 문제들을 제대로 바라보고 숨겨진 자신의 마음을 만난다. 자신이 어떻게 타인과 관계 맺고 있는지 살펴보면 자신과 아이의 관계를 이해하고 부모의 역할을 좀 더 편안하고 제대로 해나갈 수 있다.

1) 집착하는 애착 유형의 부모

관계에 집착하는 애착 유형의 부모는 감정 기복이 너무 크고 예측이 불가능하다. 이런 사람은 일관성이 없는 부모 밑에서 자란 경우가 많아서, 잘해줄 땐 따뜻하지만 어떨 땐 심하게 욱해서 화를 낸다. 이러한 사람이 부모가 되면 아이에게 넘치는 사랑을 쏟아붓는다. 그리고 자신의 뜻대로 되지 않으면 아이와의 관계를 힘들어하고, 강압적으로 자신의 틀 안에 아이를 가두려 한다. 자신이 경험한 것처럼 냉탕과 온탕을 제공하는 부모가 된다.

2) 회피하는 애착 유형의 부모

이런 부모가 유독 아이와의 관계를 부담스럽고 힘들어한다. 아이가 소중하고 예쁘긴 한데 쉼 없이 이어지는 관계처럼 느끼고 항상 붙어 있어야 하는 것을 힘들어한다. 주변 사람으로부터 "아이에게 왜 다정하지 않아?"라는 이야기를 듣기도 한다. 이런 부모는 어렸을 적 따뜻하지 않거나 즉각 반응해주지 않는 부모 밑에서 자란 경우가 많다. 부모의 관심을 얻고자 노력했지만 좌절을 겪고 부모와의 관계가 무덤덤해진 것이다. 부모와 미리 거리를 두어야 상처를 덜 받기 때문이다. 타인과는 자신이 원하는 만큼 멀리 피할 수 있지만 아이와의 관계는 다르다. 그래서 아이를 사랑하지만 늘 함께하는 것이 부담스럽다. 고유의 영역이 침해받는 기분이 들기 때문이다.

부모의 부정적인 애착을 해결하는 방법

첫째, 부모의 애착 유형부터 이해한다. 부모의 역할 수행은 그동안 깊이 들여다보지 않았던 삶을 성장시킬 기회가 된다. 혼자 산다면 문제시되지 않았던 것이라도 아이에게 영향을 미친다고 하면 어떻게든 해결 방법을 찾는 것이 부모다. 부모 자신이 가까운 사람들과 어떻게 관계를 맺었는지를 돌아본다. 상대방에게 집착하거나 매달리는 편은 아닌지, 혼자 있는 시간을 견디지 못하는 편인지, 반대로 누군가와 친밀하게 관계를 맺기보단 적당히 거리를 두는 것이 좋은지 등을 살핀다. 그동안 맺었던 타인과의 관계 형태를 이해하면 부모로서 아이와 맺는 관계를 객관적으로 바라볼 수 있다.

둘째, 회피형 애착 유형의 부모는 아이를 객관적으로 이해해야 한다. 아이는 자신의 견고한 성을 무너트리거나 영역을 침범하는 존재가 아니다. 아이는 부모를 무조건적으로 좋아하고 따르며, 부모와 스킨십을 하고 싶어 하고 친밀한 관계를 원한다. 이는 정상적인 행동이다. 아이와 하루 몇 번의 스킨십, 칭찬, 5~10분 아이와 함께하는 놀이 시간 등 최소한의 기준을 정하고 양질의 애착 시간을 갖도록 한다. 회피 애착형인 부모들은 처음에는 이런 작은 일도 실천하기 어렵다. 최소한 하루에 한 번은 스킨십을 한다는 목표를 정하고 의식적으로 지켜간다. 여기에 익숙해지면 아이와의 관계가 개선되는 것을 느낄 것이다.

셋째, 집착형 애착 부모는 아이에 대한 애정을 분산해야 한다. 아이에게 모든 사랑을 쏟아붓지 않도록 자신의 관심을 분산한다. 아이에게 잘하려고 하다가 오히려 스트레스가 커지기 때문이다. 그렇다고 갑자기 돌변해서 화를 내지 않도록 한다. 아이가 안정적으로 사랑받고 있다고 느끼게 하기 위해서다. 아이가 부모와 분리되는 것을 불안해한다고 호소하는 부모들을 살펴보면 부모가 아이와의 분리를 더 두려워하는 경우도 많다. 그러므로 부모의 시간과 삶이 아이에게만 온통 신경이 집중되어 있는 건 아닌지 살핀다. 부모의 고유한 삶의 영역은 얼마나 있는지도 점검하며 자신에게 집중하는 시간을 갖는다.

부모의 애착 유형을 알면 육아가 이해된다

육아는 부모의 모습을 가장 객관적으로 들여다볼 수 있는 기회다. 부모의 내적 작동 모델은 성장 배경부터 현재까지 오랜 시간 다져온 산물이다. 자신도 모르게 만들어진 내면의 것이 아이에게 영향을 주고 있다고 생각하면 두려워지기도 한다.

육아는 그동안 잘 모르고 살아온 마음의 구멍을 발견하는 과정이다. 부모가 되어 좋은 점이 있다면 그 구멍을 메워가는 기회를 얻는 것이다. 부모는 자기 자신과도 대화를 나누어야 한다. 아이는 내가 낳았어도 엄연히 타인이다. 타인을 제대로 이해하기 위해서는 그 전에 나를 알아야 제대로 이해할 수 있다.

생각날 때마다 소리 내어 말해보기

나는 엄마이기 이전에 소중한 나입니다.

나는 아무 조건 없이 나를 사랑합니다.

나는 내 아이를 있는 그대로 사랑합니다.

나는 내 주변의 사람들을 너그럽게 사랑합니다.

나는 사랑받는 귀한 존재입니다.

내가 세상에 태어난 그 순간부터 내 안에는 사랑하는 힘이 있습니다.

나는 무엇이든지 잘 해낼 수 있는 사람입니다.

6장

아이의 상황별 필요한 대화법

아이가 실패했을 때 대화법이 있다

아이들은 왜 자꾸 같은 실수를 반복할까? 부모는 왜 화가 나는 걸까? 아이가 못마땅한 행동을 하거나 실수를 반복하면 아이를 사랑하면서도 야단친다. 반면에 다른 집의 아이가 실수해도 너그럽다. 아이의 실수에 대해 엄마가 어떻게 대처하는지는 아이의 성장에 중요한 영향을 미친다. 자신이 가장 믿고 좋아하는 부모로부터 비난받으면 아이는 '실패는 절대 해서는 안 되는 것' 또는 '용납되지 않는 것'이라고 생각할 수 있다. 아이들의 실수를 다른 각도에서 생각해볼 필요가 있다.

다른 각도에서 실수를 생각하기

누군가 자기의 실수를 비난하고 화를 내면 반발심이 생기고 수동적으로 대처한다. 의욕과 효율도 떨어진다. 공부를 시작하려고 하는

데 부모가 "공부 좀 해라!"라고 말하면 공부하고 싶은 마음이 사라져서 공부에 집중하기가 힘들다. 부모 말에 따르더라도 기쁨이나 열정이 없다. 부모가 아이의 실수에 대해 화를 내고 윽박지르면 두려움과 불안도 생긴다. 아이들은 점점 새로운 것에 도전하지 않고 부모의 눈치만 살피게 된다. 창의적인 생각이나 아이디어들은 그 기능이 퇴화해버리고 만다.

미국의 심리학자 캐롤 드웩은 '마인드셋'이라는 개념으로 유명하다. 그는 "성적이 뛰어난 아이들은 지적 능력을 기를 수 있다는 사실을 안다. 실패 때문에 용기를 잃지 않는다. 실패했다고 생각하지도 않는다. 아이들은 실패를 통해 배울 수 있다"라고 했다. 아이들은 실수하면서 배운다. 부모에게는 쉬운 일도 아이에게는 어려울 수 있다. "너는 왜 이렇게 부주의하니?"라고 비난을 듣는다. 어른도 완벽하지 않고 실수한다. 실수는 배우게 한다. 누구나 실수할 수 있다는 것을 인정하고 아이를 바라본다.

미국 심리학자 앤절라 더크워스가 주장한 것은 '열정적 끈기', 목표를 향해 끝까지 노력하는 자세다. 아이에게 형성되는 그릿에는 부모 역할이 매우 중요하다고 강조했다. 그는 '그릿 육아 조건'으로 부모의 따뜻함과 존중, 엄격함을 들었다. 아이를 따뜻하게 대하고 아이의 의견을 존중하면서도 규칙 준수를 엄격히 요구하는 부모가 아이의 열정적 끈기를 기를 수 있다는 것이다. 부모는 따뜻함과 존중과 엄격함을 잊지 말아야 한다. 차갑게 말하는 부모는 아이에게서 열정적 끈기를 기대해서는 안 된다. 이런 부모의 태도가 열정적 끈기를 갖춘 아이로 자라게 한다.

실패했을 때 엄마의 말

EBS 〈다큐프라임-마더쇼크〉에서 한국 엄마와 미국 엄마를 대상으로 모성애와 이익에 대해 뇌가 어떻게 반응하는지 실험을 진행했다. 엄마가 아이의 문제를 대하는 방식을 알아보기 위한 실험이었다. 조사 결과, 미국 엄마는 자녀를 타인으로 생각한 반면, 한국 엄마는 자녀와 자신을 동일시하는 경향이 높았다. 한국 엄마는 미국 엄마보다 아이의 문제에 더 민감하게 반응했다. 한국 엄마는 아이의 문제가 곧 엄마의 문제라 인식하고 아이의 실패가 곧 엄마의 실패라고 여긴다.

미국의 임상 심리학자 에일린 케네디 무어는 학업 성취도가 낮은 학생의 특성에 대해서 이야기했다. "학업 성적이 낮은 아이들은 새로운 일에 도전하면 당연히 불안하다는 걸 이해하지 못합니다. 새로운 일에 집중하다 보면 그런 불안이 줄어든다는 것도 모릅니다." 낯선 공부는 원래 힘들고 불안한 법이다. 이 불안을 부모와 같이 이야기하고 그 사실을 납득하면 아이의 공부 능력은 일취월장하게 된다. "공부는 원래 어려운 거야. 어려운 공부를 하다 보면 자연히 실패도 경험하게 돼. 너만 그런 것이 아니란다." 부모가 아이에게 이렇게 말해준다면 아이는 훨씬 더 안정감을 느끼고 공부에 더 집중할 수 있다.

아이가 실수나 실패를 했을 때, 부모가 해주어야 할 말이 있다. 첫째, 아이의 실수를 지적하지 않아야 한다. 가장 먼저 아이의 속상한 감정부터 이해해준다. 도전을 하면서 한 실수나 실패를 비난하거나 혼내서는 안 된다. 문제 해결에 도움이 안 된다. 상황만을 객관적으로 정리해서 말한다.

해서는 안 되는 말	해야 하는 말
무슨 일인데? 또 이래? 뭐가 문제야?	엄마한테 말해줄 수 있어?
네가 말해줘야 해결을 할 거 아냐. 뭐가 문제인데?	무슨 일이 있었구나. 엄마랑 같이 방법을 찾아볼까?

둘째, 아이가 집중할 때까지 충분히 설명해준다. 아이는 태어나면서부터 주변으로부터 끊임없이 자극을 받으므로 감각을 통해 주위 세계를 탐색한다. 이런 자극은 무엇보다 부모의 도움이 필요하다. 아이에게 세상은 학습의 장이다. 모든 순간이 엄마가 아이와 함께 문제해결력을 학습하는 시간임을 명심해야 한다. 아이의 실수를 성장의 기회로 삼는다. 실수를 지적하고 소리를 지르면 아이의 심장이 쪼그라든다. 부모는 순간의 화를 참지 못하고 아이에게 소리를 지르곤 금세 후회한다. 중요한 것은 반성과 깨달음이고, 그 후에 스스로 선택해서 행동할 힘을 확인하는 것이다. 그러므로 아이가 실수했을 때는 시간을 준다.

예시 엄마가 프라이팬에 무언가를 튀기고 있다.

엄마: 위험하니 저쪽으로 가 있어.(여러 번 얘기한다.)

아이: 엄마, 나도 해보고 싶어. 해볼래!

(고집 피우며 계속 서 있다가 프라이팬 손잡이를 쳐서 기름이 튄다.)

엄마: (마음을 가라앉히고) 봤지? 기름이 튀면 위험해. 아프지 않아? 앞으로는 프라이팬에는 가까이 오지 않아야겠지?

그 순간 아이는 위험을 배운다.

모든 아이는 실수를 통해 배운다

비난의 말은 아이의 문제 해결에 전혀 도움이 되지 않는다. 자신의 실수 앞에서 잔뜩 움츠러들어 있는 아이에게 잘잘못을 따지는 판사 엄마는 필요하지 않다. 마음이 왜 이렇게 힘든지 종잡을 수 없었는데, 부모가 차분히 정리해주면 자신을 천천히 돌아볼 수 있다. 그 과정에서 해결의 단서를 떠올리고 차근차근 해결해갈 수 있다. "넌 잘해낼 거야"라며 용기를 준 부모를 아이는 오랫동안 기억한다. 실패나 실수의 상황에서 "괜찮아. 실수는 배움의 기회야"라며 격려를 받고 자란 아이들은 힘든 상황에 닥쳤을 때 현명하게 대처할 수 있고 마음의 여유를 잃지 않는다. 또한 자신의 감정을 잘 추스를 수 있다. 이것은 인생의 기초와도 같은 아이의 자존감과도 연결된다.

아이를 일으켜 세우는 말

1. 난 널 믿어.
2. 실패는 성장의 일부분일 뿐이야.
3. 실패는 새로운 시작이야.
4. 실패는 배움의 계기가 될 수 있어.
5. 너의 노력에 감사하다.
6. 실수는 참 인간다운 일이야.
7. 다음에는 더 나은 결과를 얻을 수 있을 거야.
8. 넌 멋진 시도를 했어. 너무 멋져.
9. 실패는 더 나은 성공을 위한 준비라 할 수 있어.

⑩ 너는 더 강해질 수 있어.

⑪ 실수는 더 나은 선택을 할 수 있는 기회가 온 거야.

⑫ 넌 계속해서 성장하고 있네.

⑬ 실패는 더 큰 성공을 위한 밑거름이 될 수 있어.

⑭ 네가 힘들어하면 난 언제나 여기 있을게.

⑮ 너의 잠재력을 믿어.

⑯ 네가 새로운 기술을 배우고 있다는 사실이 자랑스러워.

⑰ 넌 이미 많은 것을 이루었어.

⑱ 실패는 성공으로 가는 길에 필요한 일이야.

⑲ 계속해서 노력하고, 다시 일어나자.

⑳ 네가 실패해도 엄마는 실망 안 해. 그만큼 도전했다는 거니까.

우울한 아이와 대화할 때 필요한 대화법이 있다

작가 오스카 와일드는《도리안 그레이의 초상》에서 "우울은 상처를 감추기 위한 가장 두꺼운 가면"이라고 했다. 상처의 방어기제가 우울이라는 것이다.

우울한 아이를 보면 부모의 마음은 아프다. 기가 죽어 힘이 없는 아이에게 "우리 기운 내자. 파이팅"이라는 말은 시기상조다. 우울한 아이와의 대화는 안정감을 주는 것부터 시작해야 한다. 아이의 상처를 꺼내어 직면하게 하는 것은 맨 나중 일이다. 우선 엄마의 기운을 불어넣어준다. 아이를 따뜻하게 안아주는 것이다. 꼭 안아주면 아이는 안도감을 느낀다. '내 곁엔 사랑하는 엄마가 있어'라는 생각으로 아이는 기운을 얻는다. 이때 아이를 뜯어고치려고 하면 안 된다. 아이가 스스로에게 문제가 있다고 상처받지 않도록 마음을 써줘야 한다.

아이의 우울

캐나다의 임상심리학자 고든 뉴펠드는 요즘 아이들이 애착 결핍에 시달리고 있다고 말한다. 동물의 세계에서 어른 동물이 새끼에게 방향을 잡아주듯이 부모나 부모 역할을 대신하는 어른이 아이와의 애착 관계를 통해 지향성을 잡아주어야 하는데, 오늘날의 현실은 그렇지 못하다는 것이다. 그 대신 또래 지향성이 있다고 한다. 그는 부모와의 애착 관계가 제대로 형성되지 않은 상태에서 또래 지향성이 있으면 "맹인이 맹인을 인도하는 것"과 같다고 단언했다. 또래 지향적인 아이들은 다른 아이보다 상처받기 쉽고, 스트레스에 취약하며 불안정하다.

심리학에는 사회적 참조라는 용어가 있다. 불확실한 상황에서 주변 사람들의 행동이나 반응을 관찰하여 자신의 행동이나 사고방식을 조정하는 것을 말한다. 아이가 공부가 안 돼서 짜증이 나는데 가족이 그 광경을 딱딱한 표정으로 바라보고 있으면 아이는 그것 때문에 더 짜증이 난다. 편안한 미소로 아이를 기다려주면 아이는 부모의 표정을 보면서 한결 편안하게 도전한다. 아이가 안정을 찾으면 그때 "무슨 일 있었어?"라고 물어본다.

아이가 열등감으로 우울해하는 경우가 있다. 문제는 그 열등감을 바라보는 부모의 마음이다. 열등감이 아이를 잡아먹는다고 생각하면 아이가 크게 잘못될까 봐 두려운 마음이 든다. 그러나 열등감은 인간이 성장하는 데 꼭 필요한 감정이다. 결핍을 느껴야 성장이 있기 때문이다. 문제는 열등감을 표현하는 방식이다. 아예 도전을 안 하고 피해버리거나 우울함에 빠져버리면 안 된다. 먼저 아이가 열등감을 이겨내려는 마음을 잘 읽어주어야 한다. 아이는 열등감을 느끼면서도 나름대로 싸우고 있다. 엄마는 열등감을 먼저 극복한 선배로서 미소 지으며 기다려준다. 아이가 열등감을 느끼는 것은 부정적이라는 생각에서 벗어나야 한다. 열등감은 아이의 성장에 반드시 필요하다는 인식이 부모와 아이에게 모두 필요하다.

예시 열등감을 극복하게 하는 말투

부모: 넌 중요하고 특별한 사람이야. 훌륭한 아이야. 미래에 큰 성과를 이룰 수 있어.

아이: 진짜? 왜 그런 거 같아요?

부모: 너는 글쓰기에 고유한 재능과 능력이 있어. 너의 강점을 찾고 발전시키면 빛나는 자리에 있을 수 있을 거야. 우리는 너의 성장을 지켜보면서 항상 응원할게. 너도 해낼 수 있어.

아이: 정말 그런가? 엄마는 그렇게 생각해요?

우울을 극복하게 하는 대화

미국 시카고 대학교 제임스 헤크먼 교수는 40년에 걸친 추적 조사를 했는데, 이를 '페리 유치원 실험'이라고 한다. 빈민가 유치원에 다니는 3~5세의 아동을 두 그룹으로 나누었다. A그룹 아이들에게는 자율성과 자기 조절 방법을 가르쳤고, B그룹에는 언어와 수학 등 일반 지식을 가르쳤다. 40년 뒤 살펴보니 A그룹이 B그룹에 비해 교육 수준과 소득 수준이 월등히 높았다. B그룹은 범죄를 저지르거나 빈민 보조금을 받는 비율이 높았다. 헤크먼 교수는 "스스로 목표를 설정하고 어려움을 참아내는 능력이 성공적 삶을 결정짓는 가장 중요한 요인"이라고 분석했다. 이 힘은 삶의 의지를 다시 찾게 한다. 이때 필요한 부모의 말이 있다.

첫째, 아이에게 꿈을 주는 말을 한다. 아이가 어떻게 하면 목표 의식을 갖게 할 수 있는지, 아이와 함께 무엇을 할 수 있는지 고민해야 한다. 그렇다고 해서 아이의 목표에 지나치게 간섭하면 안 된다. 아이는 이미 자신만의 목표를 설정했는지도 모른다. 단지 말을 안 해서 부모가 모를 뿐이다. 그러므로 아이가 자기 목표를 말할 수 있어야 한다. 부모가 원하는 목표를 아이가 무조건 따라야 하는 것이 아니다. 아이가 자신의 목표를 말하고 부모를 설득할 수 있도록 하고, 작은 목표라도 이뤄가는 과정에서 우울을 극복할 수 있다.

꿈을 망치는 법	꿈을 주는 법
숙제했어? 안 했어? - 추궁하는 대화	아이와 함께 실천해야 할 목표 세우기
언제까지 할 건데? - 재촉하는 대화	달성하면 상장을 만들어 나눠 갖기
계획표 썼어, 안 썼어? - 확인하는 대화	부상으로 아이가 원하는 곳으로 가서 외식하기

둘째, 힘이 되는 대화를 한다. "공부하는 거 쉽지 않지? 지금 충분히 잘하고 있어. 더 나아지고 있어, 멋져." 이렇게 아이의 마음을 헤아려준다. 아이의 자존심을 회복시키는 대화다. 아이의 마음속에 있는 상처를 찾아내고 치료해주기 위해 아이가 좋아하는 것을 알아내고 그것을 잘하도록 독려한다. 아이가 어떤 생각을 하고, 어떤 지향점을 지니고 있는지, 그곳으로 가기 위해 무엇을 해야 할지, 어떤 어려움을

겪고 있고 무엇을 도와주면 좋을지, 터놓고 이야기를 나눌 수 있어야 한다.

셋째, 조건 없이 아이 편이 되어주는 대화를 한다. 아이는 말로 쉽게 상처받는다. 자기만의 생각을 형성해가는 과정에서 듣는 말은 자존감과 직결되기 때문이다. 아이들에게는 '내 편'이 중요하다. 자신의 감정을 오롯이 공감하고 이해해주는 존재가 필요하다. 다른 사람의 말로 받은 상처가 마음에 쌓여 곪을 때는 '내 편'의 따뜻한 말 한마디가 도움이 된다. 마음먹은 대로 되지 않을 때나 도대체 무엇을 해야 할지 모를 때 '내 편'이 한 사람만 있어도 심리적 부담이 크게 줄어든다.

우울한 아이도 밝아질 수 있다

아이들에게 '내 편'이라는 편안한 눈길에 이런 말을 담으면 좋다. "무슨 일 있었어? 엄마한테 말해줘." 아이가 머뭇거리거나 울먹이거나 우물거리면서 말하더라도 최대한 열심히 들어주고 반응해줘야 한다. "말해줘서 고마워"라고 말하고, 문제가 있거나 도움이 필요한 경우라면 "엄마가 도와줄 일이 있을까?"라며 같은 편이 있음을 알려준다. 아이의 마음에 위로가 필요할 때는 "속상했겠구나. 그래서 힘이 없구나. 엄마가 어떻게 해줄까?"라고 물어본다. 그저 부드럽게 말해주면 된다. 그러면 아이도 차차 엄마의 사랑으로 우울에서 벗어날 수 있다.

우울한 아이에게 해주면 좋은 말

네가 어려운 시간을 보내고 있다는 걸 알아.

내가 널 사랑하고 지지한다는 걸 잊지 마.

네가 힘들어도 언제든지 엄마는 여기서 기다리고 있을 거야.

네 마음을 이해하려고 노력할게.

네가 곁에 있어서 너무나 자랑스러워.

나에게 솔직하게 이야기해도 괜찮아.

우리 함께 이겨낼 수 있을 거야.

네가 얼마나 강하고 용감한 아이인지 알아.

네가 힘들 때는 언제든지 엄마에게 기대도 돼.

널 믿고 응원해줄 거야.

너는 세상에서 가장 소중한 존재야.

네가 힘들 때는 쉬어도 돼.

네가 겪는 감정을 솔직하게 표현하는 게 중요해.

내게 말하면 내가 들어줄게.

어떤 도움이 필요한지 말해봐.

네가 가진 감정을 소중하게 생각해.

네가 힘들게 느껴도, 네 곁에 내가 있는 것을 잊지 말아.

우리가 함께 해결책을 찾아갈 거야.

너의 감정을 이해해.

우리가 함께 이 어려운 시간을 극복해낼 수 있어.

섬세한 아이와 대화할 때 필요한 대화법이 있다

예민한 아이를 키우는 엄마들은 고민이 더욱 많다. 아이가 예민하고 까다로운 것이 마치 자신의 탓인 것만 같아 죄책감이 들기도 한다. 한순간 너무 힘들어서 화가 폭발했다가, 또다시 죄책감에 시달리는 악순환이 반복된다. 예민한 아이는 본인의 성격 때문에 힘이 들고, 엄마는 아이와 실랑이를 벌이느라 고단하다. 그런 엄마와 아이를 지켜보는 아빠도 곤혹스럽다. 삼중고다. 소심한 아이는 매사 대충 넘어가지 않고 대충 듣지도 않는다. 말에 민감하고, 말에 크게 영향을 받는다. 이때 해야 하는 부모의 말이 있다.

'섬세함'에 대한 이해

수전 케인의《콰이어트》는 내향적인 사람들의 가치와 세계에 대한 이해를 촉진하는 중요한 책이다. 내향적인 성향에 대한 부정적인 사회적 시선과 문화적 기대를 탐구한 내용으로, 이들이 가진 특성과 잠재력을 인식하고 존중함으로써 어떻게 성공적인 리더십, 창의성, 협업을 발휘할 수 있는지 설명한다. 저자는 아이들의 섬세함이 세상을 이끌 잠재력이라고 하면서, 내향적인 아이들은 외향적인 아이들과는 다른 방식으로 사고하고 행동하기 때문에 그들의 섬세함과 고요함이 특정 분야에서 큰 역할을 할 수 있다고 주장한다.

내향적인 아이들은 조용하고 고요한 환경에서 자신들의 사고를 집중시킬 수 있다. 깊은 사고로 인한 창의적인 아이디어가 가능하다. 주변 사람들의 감정과 상황을 민감하게 인식하기 때문에 다른 사람들과의 관계도 깊다. 이러한 특성으로 인해 리더십, 예술, 과학, 문학 등 다양한 분야에서 아이들은 성공할 수 있다. 아이들의 섬세함과 내향성을 이해하고 존중하면 아이들은 잠재력을 발휘할 수 있으며 자신의 독특한 장점과 특성을 발견하고 개발한다. 섬세한 아이에게는 걱정한다는 말은 하지 않는다. 칭찬하려고 지나치게 애쓰지 말고 단점에 대한 지적을 최소화하는 편이 현명하다.

섬세한 아이에게 해서는 안 되는 말

너는 너무 조용해. 왜 다른 아이들처럼 활발하지 않아?

왜 항상 혼자만 있어? 친구들과 어울려.

너는 너무 예민하고 민감해. 좀 더 강하게 행동해야 해.

왜 항상 책을 읽고 있어? 밖에 나가서 놀거나 더 활동적인 것을 해야지.

다른 아이들은 이런 일에 잘 해나가는데 넌 왜 그렇게 못 해?

너는 매우 예민하고 왜 이렇게 나약한지 모르겠어.

왜 자꾸 혼자만 있어? 친구를 사귀지 않으면 어떻게 성장할 거야?

너 또 삐쳤어? 도대체 무슨 말을 못하겠네.

섬세한 아이에게는 이런 말이 모두 상처가 된다. 그러므로 아이가 싫어하는 말을 삼가고 아이가 듣기 좋아하는 말을 한다. 그런 성격을 비난받아야 하는 것으로 규정짓는 부모의 말 습관을 버린다. 친구와 문제가 생길 때 "그럼 그렇지, 네가 무슨 친구를 사귀겠어?"라고 말하면 안 된다. 친구를 사귀는 일이 두려워지면서 부모의 말이 낙인 효과를 불러일으킨다. 너무 소심하고 섬세한 아이를 보면 부모는 속상해서 어떻게든 고쳐줘야 인생이 원만해질 것 같다. 하지만 섬세함을 고치려고 하면 안 된다. 그저 인정하고 자신감을 불어넣어준다.

섬세한 아이에게 필요한 부모 말

아이에게 도움이 안 되는 말을 쉽게 내뱉는 부모의 말 습관부터 바꾼다. 첫째로, 섬세한 아이에게 필요한 말은 칭찬이다. 아이가 무엇이든 잘할 때마다 지나가듯이 무심하게 칭찬한다. 소심한 아이일수록 지나가는 말에 민감하게 반응하기 때문이다. 섬세함은 세상을 읽어내는 탁월한 능력이다. 아이가 이러한 이해와 지지를 부모로부터 받으면서 자란다면 아이는 자신감을 갖고 능력을 충분히 발휘할 것이다. 고치라는 말은 잘못되었거나 틀렸다는 뜻을 내포한다. 아이가 스스로 별수 없다고 각인하게 되므로 삼간다.

예시 **아이가 그림을 그려 완성했을 때**

부모: 와, 정말 아름답다! 이 그림에 네 섬세함과 창의력이 돋보여. 어떤 감정을 담아냈어?

아이: 이 그림에 제가 좋아하는 색깔로 제 감정과 생각을 표현하고 싶었어요.

부모: 정말 멋진 방법이네. 그림을 통해 네 마음을 표현하는 것을 보면, 잠재력이 엄청나다. 가능성이 무궁무진해. 예술적 재능이 진짜 뛰어나.

아이: (의심스러워하며) 잘한 거 맞아요?

부모: 네 섬세함이 잘 나타나 있어. 멋진 작품이야.

섬세한 아이에게 해서는 안 되는 말	섬세한 아이에게 해주어야 하는 말
다들 괜찮은데 왜 너만 유난히 그래?	낯설어서 불편한 거구나.
엄마가 혼낸 거 아니라니까. 아직 안 풀렸어?	엄마가 혼낸 거 아닌데 속이 상했구나.
넌 도대체 왜 그러니? 그런 성격 좀 고쳐.	어쩌면 그렇게 남의 마음을 잘 헤아리니?
왜 이렇게 느려?	어쩌면 이렇게 차근하고 차분할까?
왜 그렇게까지 하는데?	우리 딸은 엄마가 따로 해줄 게 없어.

둘째, 섬세한 아이에게 필요한 말은 "엄마가 기다릴게"다. 이렇게 말한 다음에는 정말 기다려야 한다. 말을 시키지 않는다. 아이가 안정되고 나면 잘못된 행동은 짚고 넘어간다. 아이가 만든 문제를 공감과 위로만 하면 미해결로 남기 때문이다. 아이의 문제 행동을 통해 문제 해결력을 높일 수 있는 기회로 삼는다. 중요한 것은 바라보는 엄마의 인식이다. 사회성 부족을 아이의 성격적 결함으로 몰아가는 말도 조심해야 한다. 아이의 사회성이 걱정된다고 "성격이 그래서 어떻게 사

람들이랑 어울릴까?"라고 말하면 사회성이 자라나는 데 해만 될 뿐이다. "네가 말하고 싶을 때 친구에게 말을 걸어봐"라는 식으로 편안하게 아이가 행동할 수 있도록 배려한다.

섬세함은 부모의 말에 의해 탁월한 능력이 된다

부모가 아이의 섬세함을 긍정적으로 받아들여주고 인정해주면, 아이는 자신의 섬세함을 좋은 아이디어와 관찰력으로 발전시켜서 이것이 탁월함으로 이어질 수 있다. 아이의 섬세함은 부모의 말과 태도에 큰 영향을 받는다. 부모가 아이의 관심사나 감정에 주목하고 안전한 공간을 제공해야 한다. 아이는 자신을 표현하고 자신의 섬세한 아이디어와 관찰력을 발휘할 수 있다. 아이가 섬세한 작품을 만들거나 특별한 성과를 이뤘을 때는 부모는 아이의 노력과 창의성을 인정한다. 이러한 긍정적인 피드백은 아이에게 자신감을 심어준다. 섬세함을 더욱 탁월한 능력으로 발전시킬 수 있다. 아이는 자신을 사랑하고 받아들이는 부모의 지지 아래에서 더욱 탁월한 아이로 성장할 수 있다.

섬세한 아이의 자존감을 지켜주는 엄마의 말

그래, 너도 잘할 수 있어.

엄마가 기다리기 조금 힘들지만 기다릴게.

천천히 한번 해봐.

그럴 수도 있어. 잘했어.

무엇이 궁금하니?

너만의 생각이라 더 멋지다.

괜찮아. 넌 최선을 다했잖아.

그래, 이럴 수도 있고 저럴 수도 있지.

네 기분은 어떠니?

잘 모를 수 있어. 엄마가 도와줄게.

이제부터 잘하면 돼. 너는 할 수 있어.

아이의 단점을 장점으로 바꿔 생각하는 엄마 말

고집이 세다.	→	자기주장이 있다.
게으르다.	→	느긋하다, 초조해하지 않는다.
만사태평이다.	→	대범하다.
산만하다.	→	관심과 호기심이 많다.
덜렁댄다.	→	호기심이 많다, 실행력이 강하다.
내향적이다.	→	진지하다, 생각이 깊다.
사교성이 부족하다.	→	자기 세계에 충실하다.
소극적이다.	→	생각이 깊다, 신중하다.
말수가 적다.	→	생각을 많이 한다, 말실수가 적다.
욕심이 많다.	→	도전 정신이 있다, 끝까지 한다.
지기 싫어한다.	→	적극적이다, 노력한다, 경쟁을 피하지 않는다.
잔소리를 하게 한다.	→	주관이 뚜렷하다, 휘둘리지 않는다.

짜증내는 아이와 대화할 때 필요한 대화법이 있다

아이가 부모에게 내는 짜증은 다른 사람에게 부리는 짜증과는 목적과 종류가 다르다. 부모라는 특정한 사람에게 부리는 짜증은 상대방이 자신의 짜증을 받아줄 거라는 기대에서 출발한다. 그러므로 부모는 아이에게 짜증을 부려도 되는 영역과 그렇지 않은 영역을 명확하게 정해서 알려줄 필요가 있다. 이렇게 입장을 분명히 하지 않으면 계속해서 기대는 커진다. 그래서 짜증이 더욱 심해질 수 있다. 부모가 제공해주는 최상급 서비스에 아이가 익숙해질수록 아이의 기대는 올라간다. 기대가 올라가는 만큼 짜증의 수치도 더 올라간다. 아이의 짜증이 감당하기 어려워지지 않도록 미리 막아야 한다.

아이가 짜증을 내는 상황

첫째, 아이가 무언가를 사달라고 떼를 쓸 때다. 이때는 아이의 마음부터 잘 살펴야 한다. 정말로 그 물건이 갖고 싶은지, 아니면 자신을 부모가 얼마나 사랑하는지 확인해보는 욕구의 표현인지를 살펴야 한다. 아이가 무언가를 사달라고 조를 때에는 선물 목록을 만든다. 생일 선물 10가지, 크리스마스 선물 10가지 등 아이가 갖고 싶은 게 있을 때마다 함께 적는다. 부모에게 요구할 때마다 "안 돼"라고 말하는 대신 그 노트를 꺼낸다. 그리고 "그 선물을 언제 받았으면 좋겠어?"라고 묻는다. 완전한 거절도, 즉각적 승낙도 아니다. 자신의 계획과 선택에 맞춰 갖고 싶은 것을 얻을 수 있도록 알려주는 것이다. 목록에 적는 것만으로도 부모가 말을 들어줬다고 느끼고 어느 정도 욕구가 해소된다. 한편 갖고 싶은 걸 다 가질 수는 없다는 교훈을 배울 수 있다. 그리고 아이와 한 약속은 반드시 지킨다.

둘째, 아이가 남의 탓을 하며 짜증을 부릴 때다. 이때의 짜증은 자신이 야단맞는 것을 피하려는 것일 수 있다. 혹은 뭔가 허락을 얻기 위해 변명할 때다. 변명하려면 자신이 놓여 있는 상황을 파악하고 상대방을 이해시키기 위한 설득의 과정을 거친다. 이렇게 생각하면 결코 나쁜 점만 있는 것은 아니다. 그러나 매사에 모든 실수를 남의 탓으로만 돌리는 게 습관이 되어버리면 곤란하다. 이 경우 제일 먼저 "누가 했어?"라는 식으로 범인을 색출해내려는 발언은 삼가야 한다. "누구야?"라고 물으면 아이들이 반사적으로 "나는 아니야"라고 변명하면서 회피 행동을 취한다. "컵이 깨졌구나!" 등과 같이 현재 상태를 있는 그대로 표현하면 아이도 상황을 객관적으로 이해할 수 있다. 미안한 마음도 자연스럽게 표현하기 쉬워진다. 이렇게 서로 남의 탓만 하다가 갈등으로 번지는 일이 없도록 만든다.

짜증을 잘 내는 아이를 둔 엄마들은 '내가 언제까지, 얼마나 이 짜증을 받아주어야 하나?'라고 고민한다. 이 질문에 짜증에 대한 인식이 드러나 있다. 짜증을 측정할 수 있다고 여기고 그 기준으로 받아줄지 안 받아줄지를 결정하려는 것이다. 이를 바꾸어서 다음과 같이 생각해본다. 아래 질문은 짜증을 잘 내는 아이와 대화하는 첫걸음이 된다. 짜증을 내는 상황을 명확히 구분할 때 대화가 바르게 진행될 수 있다. 사안에 따라 짜증을 받아줄지 아닐지 결정한다. 사안에 맞춰 대답해줄 말도 달라진다.

짜증에 대한 한계 정하기

내가 받아줄 수 있고, 받아주어야 하는 짜증은 무엇인가?
내가 받아줄 수 없고, 받아주어서는 안 되는 짜증은 무엇인가?

짜증내는 아이와의 대화법

첫째, 아이 말 따라 하기다. 아이가 "아이, 짜증 나!"라고 얘기하면 엄마는 그 말을 바로 "짜증났구나"라고 어미를 바꾸어서 따라 한다. 그런데 많은 부모들은 "무슨 일 있어? 왜 짜증나는데?"라고 바로 해결해줄 듯이 말한다. 아이가 짜증이 나는 이유를 설명해도 아이의 짜증은 해결되거나 쉽게 가라앉지 않는다. 짜증이 부모에게 전이될 뿐이다. 아이들은 짜증을 해결해달라는 게 아니라 자신의 상태를 알아달라는 것이다. 짜증은 본인 말고는 누가 대신 풀어줄 수 있는 게 아니다. 아이의 상태를 인지만 해주면 된다. 대신 부모가 인지하고 있다는 걸 알려준다.

둘째, 아이에게 부모의 입장을 명확히 하기다. 아이가 유독 부모에게만 짜증을 부리는 경우가 있다. 부모는 짜증을 들어주는 사람이라는 믿음이 있기 때문이다. 이때는 자신의 입장을 분명히 해야 한다. 아이가 뭘 해달라고 할 때 "기다려"라고 말한다. 구체적으로 말하면 더 효과가 있다. "엄마가 30분 후에 이거 마칠 때까지 기다려"라고 하면서 부모의 기준을 명확하게 만들어두면 아이도 금방 적응한다. 초반에는 저항이 있을 수 있다. 그러나 부모 이외의 사람에게는 짜증 섞인 요구를 하지 않는다는 사실을 보면 원칙을 세우고 지킬 수 있다는 것을 알 수 있다. 아이가 집에서 편식한다고 집 밖에서도 편식하는 것은 아니다. 아이가 집에서 천방지축이라고 해도 선생님 말을 듣지 않는 건 아니다.

이것을 '만족 지연'이라고 한다. 아이에게 어떻게 기다려야 하는지 구체적으로 지시해주는 것이다. 기다리기를 잘하는 아이들은 자신의 관심을 다른 쪽으로 돌려 욕구를 조절한다. 아이 입장에서는 부모의 뒷모습을 보면서 참는 것은 3분도 힘들다. 그러니 구체적으로 어떻게 기다려야 하는지 알려주면 아이에게 도움이 된다. 아이가 조금이라도 기다리려고 노력했다면 빠른 시간 내에 잊지 않고 약속을 지켜준다.

셋째, 아이에게 부모가 먼저 화를 내지 않는 말투와 행동을 보여주기다. 아이가 직면하는 짜증은 매번 다르다. 그러므로 부모는 "또 짜증, 불만이네. 오늘은 무슨 일인데?"라는 말이 툭 튀어나오지 않도록 주의해야 한다. "속상한 일 있었니?"라고 묻고 아이가 대답하면 고개를 끄덕이며 들어준다. 중간에 끼어들지 않는다. 아이는 말하는 과정을 통해 감정이 풀리고, 문제가 무엇인지 스스로 찾아낸다. 부모가 해결해주려고 하면 부모도 화가 치민다. 아이의 일이 사소하다고 느껴지면 부모도 평정심을 잃어버리기 쉽다. 잘 들어준 다음 "그래서 짜증이 났구나"라고 한마디만 하면 된다. 상대방에게 자신의 감정이 받아들여진 아이와 공감을 못 받고 내쳐진 아이는 완전히 행동이 다르다.

아이 스스로 짜증 이겨내기

아이가 짜증을 내는 이유를 확인할 필요가 있다. 짜증이 부모의 불찰에 의한 것인지 파악해본다. 부모의 불찰인지, 아이의 주변 상황에 의한 것인지를 구분한다. 부모로부터 기인된 것이면 어느 정도 용인해도 된다. 그렇지 않다면 경계선을 그어야 한다. "지금 네 짜증은 엄마가 어떻게 해서 생긴 게 아니야. 네가 도와달라면 도움을 줄 수는 있어. 엄마도 오늘 바쁜 하루를 보냈고, 지금은 엄마도 좀 쉬어야 해." 이렇듯 외부에서 기인된 짜증 정도는 아이에게 맡기는 대범함을 보여줄 필요가 있다. 아이의 짜증에 휘둘리는 순간 부모도 기분이 상한다.

아이의 짜증을 잠재우는 말

진정해.

왜 짜증이 나는지 말해봐.

내가 네 곁에 있으니 걱정 마.

짜증은 일시적인 감정일 뿐이야.

힘들 때는 숨을 깊게 마셔봐.

이 문제를 함께 해결해보자.

짜증을 표현할 다른 방법을 찾아보자.

무엇이 너를 짜증나게 하는지 생각해보렴.

짜증을 풀기 위해 좋아하는 활동을 해보자.

감정을 조절하는 방법을 배워보자.

짜증이 날 때는 긍정적인 생각을 해보자.

내가 네 곁에 있을게.

너의 감정을 이해하지만, 어떻게 도움을 줄 수 있을까?

짜증을 가라앉히기 위해 운동해볼까?

어떤 일이 있어도 네 곁에 있을게. 짜증을 이겨낼 수 있어.

분노 조절이 안 되는 아이와 대화할 때 필요한 대화법이 있다

2016년 11월 19일 자 〈중앙일보〉에는 '건강한 분노'라는 칼럼이 있다. 이 기사는 빌 리치라는 죄수가 폭력적인 고통과 분노를 겪으면서 어둠과 전투를 벌이는 이야기다. 빌 리치는 감옥에서 자신의 분노를 통제하고 극복하는 방법을 찾는다. 이 칼럼은 폭력에 대한 반성과 자기 통제, 치유에 대한 논의를 다루고 있다. 건강한 분노는 상대방을 무참히 공격해서 제거하는 것이 목적이 아니라 소통을 목적으로 한다. 즉, 자신의 분노를 표현함으로써 상대방이 자기 마음을 정확하게 이해하도록 하는 것이 분노의 진짜 목적이다.

분노 조절과 공감과의 관계

분노는 상대방에게 경각심을 주고, 자신을 지키는 보호 수단이 된다. 분노를 통해 자신이 화가 난 이유와 욕구를 고찰할 수 있고, 원하는 것과 원치 않는 것을 명확하게 하는 계기가 된다. 상대를 향해 독설과 공격적인 언어 표현을 사용하는 것이 아니라 상대에게 자신의 욕구를 차분히 언어적으로 표현하는 것은 건강한 분노라고 할 수 있다. '당신이 나를 화나게 했으니, 네 잘못을 알아라'라는 메시지가 아니다. '이러이러한 행동에 내가 화를 느끼고 있다'라고 표현하는 것이다. 《코칭》에서는 긍정적 감정 이상으로 부정적 감정 표현도 중요하다고 한다. 자신과 타인에게 해를 끼치지 않는 분노 표현은 건강하다.

2014년 서울대병원 소아정신건강 의학과 김붕년 교수 연구팀은 '공감 증진 기반 분노 및 충동조절 장애 청소년 인지행동 치료 프로그램'을 개발하여 학교폭력 가해 청소년들을 대상으로 시행했다. 그 결과 폭력성이 줄고 전두엽과 두정엽의 기능이 개선되었다고 한다. 뇌의 전두엽은 충동성과 공격성을 조절하고 공감 능력을 담당한다. 두정엽은 상대방의 표정 등 감정을 해석하는 역할을 한다. 전두엽의 기능이 떨어지면 공감 능력이 저하되고, 두정엽의 기능이 떨어지면 상대의 표정을 부정적으로 해석하게 된다. 즉, 공감 능력이 결여되면 문제를 일으킨다. 순간적으로 감정 조절을 못 하고 폭력을 행사하는 이유는 대부분 공감 능력이 부족해서라고 한다. 그러므로 공감 능력을 키우는 것이 분노 조절에 중요하다.

2018년 한국기초과학연구원(IBS)의 인지 및 사회성 연구단에서는 생쥐 실험을 했다. 공감 능력과 관련된 유전자와 신경회로를 조사하여, 공감 능력 조절 메커니즘을 유전자 수준에서 처음 알아낸 것이다. 공감 능력이 결핍되면 사회성에 문제를 일으킬 수 있다(생명과학/BRIC 바이오통신원). 연구진은 공감 능력 조절과 관련된 유전자를 조작하거나 차단함으로써 생쥐의 공감 능력을 변화시키는 실험을 수행했다. 이를 통해 공감 능력과 관련된 특정 유전자가 신경회로 회로망에서 어떻게 작용하는지를 밝혔던 것이다.

공감 능력에는 2가지 공감이 있다. 인지적 공감 능력과 정서적 공감 능력이다. 인지적 공감 능력은 상대의 생각이나 행동을 예측하거나 이해하는 것이고, 정서적 공감 능력은 상대의 감정을 이해하고 그 감정을 오롯이 함께 느끼는 것이다. 인지적 공감 능력은 인지 행동 치료 같은 프로그램의 반복 훈련으로 향상된다. 반면 정서적 공감 능력은 쉽게 향상되지 않는다고 한다. 그러므로 정서적 공감 능력은 부모의 숙제다. 어린 시절에 정서적 애착 관계가 형성되기 때문에 양육 환경과 부모의 노력이 아이의 공감 능력에 큰 영향을 미친다.

아이의 분노를 잠재우는 경청

미국의 심리학자 다니엘 골먼은 감성지능이라는 용어를 처음으로 사용했다. 타인과 소통하고 인간관계를 제대로 형성하기 위해서는 개인의 감성지능이 선행되어야 한다고 했다. 자신을 인식하고 조절하며 상대와 공감하는 능력이 무엇보다 중요하다는 것이다. 긍정적인 자아는 긍정적인 인간관계를 형성한다. 사회성은 타인과 관계를 맺고 유지하며 관리하는 능력인데, 아이가 긍정적인 자아상을 가지면 사회적 기술이 발달한다.

공감을 위한 가장 좋은 방법은 경청이다. 《간호대학사전》에서는 "좋은 치료자와 환자의 관계를 만들기 위해 치료자에게 필요한 자세로, 자신의 가치관이나 의견을 밀어붙이는 일 없이 우선 환자 자신의 자기표현(환자가 말하는 내용뿐만 아니라 표정, 거동까지도 포함)에 귀를 기울이는 것"이라고 정의한다. 경청을 통해 환자는 자유로운 자기표현이 가능해진다. 이를 통해 치료적으로 효과적인 치료 관계가 형성된다는 것이다. 환자 치료에서도 경청의 기능이 매우 중요한 것임을 알 수 있다.

경청은 상대의 말에 귀를 기울이는 것이다. 겉으로 드러난 말과 그 말의 의도와 동기, 감정까지도 알아차리며 듣는다. 부모는 아이의 이야기를 들으면 빨리 조언하고 싶고 평가나 비판의 욕구가 생긴다. 그러나 아이의 말은 겉으로 드러나는 내용에만 집중하지 않고 온전히 들어야 한다. 그 욕구를 긍정적으로 파악한다. 그래야 아이는 부모가 말을 잘 들어준다고 느낀다. 부모의 욕심을 채우려 하지 않고 아이를 고치려 노력하지도 말고 그저 온전히 시간과 마음을 내어주는 것이 진정한 경청이다. 그렇게 들어야 오해 없이 아이의 말과 행동의 의도를 파악할 수가 있다.

《경청》의 저자 조신영 작가는 경청을 실천하기 위한 5가지 행동 가이드를 제시했다.

1. 선입견, 충고 등을 비운다. 상대와 나 사이에 아름다운 공명이 생기도록 공감을 준비하라.
2. 상대방이 얼마나 소중한 존재인지 알고 인격체로 존중하라.
3. 사람은 누구나 이해받고 싶어 한다. 이해하기 위해 말하기를 절제하라.
4. 교만하지 말고 겸손한 자세로 이해하라.
5. 경청은 귀로만 아닌 눈으로, 입으로, 손으로 하는 것이니 신호를 온몸으로 보내라.

부모와 아이 모두 서로 존중받고 싶어 한다. 상대의 말을 듣기만

하는 것이 아니라 그 내면에 깔린 동기나 정서에 귀를 기울인다. 그리고 이해한 바를 상대방에게 피드백해준다.

경청은 힘이 세다

아이가 "우리 엄마는 내 말을 잘 들어줘요"라고 한다면 경청이 제대로 잘 이루어진 것이다. 아이는 아직 어리지만 생각할 줄 안다. 느낄 줄도 안다. 사랑받고 인정받아 마땅한 존재이므로 부모는 아이의 이야기를 적극적으로 끝까지 들어야 한다. 그래야 아이가 자신의 불편한 분노의 감정까지도 현명하게 대할 수 있다. 부모에게서 건강한 분노를 배울 수 있기에 아이가 자신의 분노를 제대로 다스릴 수 있게 된다. 부모의 노력은 아이가 자신의 감정을 돌아보고 다스리며 긍정적인 자아상을 정립할 수 있게 한다. 내 아이는 존재 자체만으로 귀하다. 아이는 부모를 바라보고 배운다. 부모의 거울인 아이는 부모의 스승이 된다.

아이의 분노를 잠재우는 말

정말 화가 나는구나, 어떻게 도와줄까?
좀 더 자세히 얘기해봐, 이해하려고 노력할게.
화가 날 때는 호흡을 깊게 해보면 어때?
화가 날 때는 잠시 쉬어도 괜찮아.
화를 내는 것은 자연스러운 감정이야, 그런데 어떻게 진정될 수 있을까?
분노를 표현하는 다른 방법을 찾아보자.

화가 날 때 숫자를 세면서 진정해보는 건 어때?

말로 화를 푸는 것도 좋은 방법이야, 어떤 점에서 화가 나는지 이야기해봐.

화가 날 때는 네가 좋아하는 활동을 해보면 어때?

화가 날 때는 긍정적인 말을 해보면 기분이 좋아질 수 있어.

화를 내면 다른 사람에게 상처를 줄 수도 있으니 조심해야 해.

나는 네가 얼마나 화가 나는지 알아, 네 곁에 있을게.

분노를 이길 수 있을 거야, 함께 해결해나갈 거니까 걱정 마.

화가 나는 상황에서 어떻게 대처할지 상상해보자.

화를 내면서 내가 무엇을 얻고 싶은지 생각해보는 건 어때?

분노를 풀기 위해 규칙적인 운동을 해보면 어때?

분노를 느낄 때는 진정될 수 있도록 도와주는 음악을 들어보자.

나는 항상 네 곁에 있을게, 화를 이겨내는 데 도움을 줄 수 있어.

분노는 잠깐이야, 그럴 땐 깊게 숨을 들여 마셔봐.

경청의 다섯 가지 청(聽)

1청	마음으로 듣는다.
2청	귀를 내주고 듣는다.
3청	따뜻한 눈으로 바라보며 듣는다.
4청	마음을 담아 부드러운 음성으로 듣는다.
5청	왕을 대하듯 공손한 자세로 존중을 표하며 듣는다.

공격적, 폭력적인 아이와 대화할 때 필요한 대화법이 있다

부모들의 가장 흔한 고민 중 하나가 아이의 '공격성'이다. 스스로에게도 좋지 않고, 다른 사람들에게도 상처를 입히기 때문이다. 공격성이 밖으로 표출되면 공격적인 태도가 되고, 심하면 폭력이며, 안으로 숨기면 자신을 공격하는 우울감이 된다. 부모는 아이의 공격성을 어떻게 이해해야 할까? 공격성을 무조건 막으면 아이의 마음은 답답해진다. 감정이 순환되지 않는 것이다. 공격성은 그 자체가 잘못된 것은 아니다. 밖으로 잘 표현하는 방식을 배우는 것이다. 다양한 감정은 자연스러운 것이므로 그것을 잘 표출할 수 있도록 부모가 도와야 한다.

공격성에 대한 이해

프로이트는 인간은 리비도와 더불어 공격성을 함께 가지고 태어난다고 했다. 인간의 공격성이란 본능이자 에너지의 원동력으로 보았다. 소아과 의사이자 아동정신분석가인 도널드 위니컷은 공격성이 '무례함'으로 여겨지는 자연스러운 시기가 있다고 했다. 3살 이전의 아이들이 장난을 치면서 신이 날 때 어른을 할퀴는 공격적인 행동을 하는 모습을 무례함이라고 하며, 인간의 발달 단계 과정 중에 공격성이 있다고 본 것이다.

사람은 마음을 말로 표현하지 못할 때도 공격성이 나타난다. 아이들은 갖고 싶은 것, 하고 싶은 것이 있고, 속상하고 억울할 때도 있다. 이것을 언어로 표현하면 감정 조절에 도움이 된다. 그러나 아이들은 마음이나 자신이 원하는 것을 언어로 표현하는 것에 미숙하다. 마음을 표현할 방법이 부족하고, 다른 사람의 공격에 방어할 방법도 없으니 자신도 모르게 공격성을 띤다. 특히 신체 발달이 빠른 아이들은 언어 표현보다 몸을 쓰는 것이 더 자연스럽고 편하다. 공격성으로 감정을 표현하기가 쉬워지는 이유다.

아주대 심리학과 김경일 교수는 "분노는 강력한 핵과 같다"라고 했다. 어디에, 어떻게 쓰느냐에 따라서 그 가치가 달라진다는 것이다. 발전소처럼 쓰면 유익하게 쓸 수 있지만 폭탄으로 쓰이면 공멸의 길로 향할 수 있다. 공격성은 강력한 힘을 가진 에너지이므로, 원만한 삶을 살아가기 위해서는 분노의 강도를 조절할 수 있어야 한다. 무조건 참는 게 아니다. 자신의 감정을 올바르게 표현할 줄 아는 사람으로 자라야 한다. 부모는 아이의 분노를 무조건 안 된다며 차단하지 않아야 한다. 같이 공감해주며 해결하려 노력해야 한다.

〈EBS 교육 저널〉에서는 '분노 조절이 힘든 아이들이 나타내는 7가지 특징'에 대해 소개했다. 분노 조절 장애가 생기는 이유는 분노 자체보다는 조절에 문제가 있기 때문이다.

분노 조절이 힘든 아이들이 나타내는 7가지 특징

1. 고집이 세고 성격이 급하다. 자기 뜻대로 되지 않으면 화부터 내고 본다.
2. 쉽게 포기하거나 좌절한다. 두려움이나 힘든 감정을 마주하기 어려워하는 경향이 있다.
3. 다른 사람을 쉽게 미워하고 짜증을 부린다. "안 해", "싫어" 등 부정적인 단어를 자주 쓴다.
4. 자신이 잘했다고 생각하는 일에는 반드시 칭찬받아야 한다.
5. 화가 나면 갑자기 물건을 던지거나 부순다.
6. 화가 나면 거친 말을 내뱉고 폭력을 휘두른다.
7. 자신의 실수를 남의 탓으로 돌린다.

아주대 심리학 김경일 교수는 아이들은 타고난 기질에 따라 분노 표출에 차이를 보인다고 했다. 이를 5가지 유형으로 나눌 수 있다. 부모는 아이가 화를 낼 때 그것을 억압하는 것이 아니라 긍정적 에너지로 전환할 수 있도록 돕는다.

1. 폭발형	화가 나면 소리를 지르거나 물건을 던진다.
2. 투사형	화를 낸 이유가 타인 때문이라고 생각한다.
3. 억압형	웬만하면 화를 내지 않고 참는다.
4. 표현형	화가 났을 때는 누구든 붙잡고 반복적으로 쏟아낸다.
5. 복수형	화나게 한 상대방에게 복수해야 직성이 풀린다.

공격성을 멈추게 하는 대화

분노 조절이 안 되는 아이들이 늘고 있다. 많은 부모가 분노 조절이 안 되는 자녀와 대화할 때 어떻게 해서든 아이가 분노하지 않게 만들려고 애쓴다. 그래서는 제대로 된 방향을 잡을 수 없다. 아이 입장에서는 분노할 수밖에 없는 상황인데, 부모는 어떻게든 그 분노를 막아야 한다고 생각하기 때문에 서로 충돌한다. 대화의 시작 전부터 이 부분을 확실히 인식하고 출발한다. 분노 조절이 이렇게 유지되면 이 모습이 그대로 아이의 미래가 될 가능성이 높다. 그러므로 폭력의 유혹에서 단호해지도록 한다.

예시 폭력을 합리화하는 대화

부모: 친구를 왜 때렸어?

아이: 걔가 자꾸 맨날 뚱뚱하다고 놀리잖아.

부모: 그랬어? 먼저 놀렸네. 심한 말을 했네. 나쁘네. 그래서 네가 때렸구나.

아이: 그런데 선생님은 나만 혼냈어.

부모: 선생님께 네가 그럴 수밖에 없었다고 말씀드릴게. 일단 때리는 건 너도 조심해.

아이: 응.

이런 대화로는 폭력을 멈출 수 없다. 때릴 만한 이유가 발견되면 또 폭력을 사용한다.

예시 폭력을 멈추게 하는 대화

부모: 친구를 왜 때렸는데?

아이: 걔가 자꾸 맨날 뚱뚱하다고 놀리잖아.

부모: 어떤 이유로든 폭력은 정당화될 수 없어.

아이: 그럼, 날 맨날 놀리는데 당하고만 있어?

부모: 선생님한테 가서 말씀드렸어?

아이: 말하면 뭐 해. 적당히 혼내기만 하는데. 난 선생님한테 고자질하는 아이만 되고.

부모: 어떤 이유로도 폭력은 정당화될 수 없어. 힘든 것만 말씀드려. 네가 문제를 해결하려고 신체 폭력을 쓰는 건 절대 용납 못 해. 그때는 엄마가 말씀드려도 소용없어.

아이: 응.

아이가 그런 상황에 놓인 것은 나름의 이유가 있어서라고 근거를 찾는 순간 방어기제가 작동한다. "원래는 착한 아이예요. 그 아이가 놀려서 폭발해서 이렇게 된 거예요"라고 그 행동을 할 수밖에 없었던 합리적 이유를 찾는 것이다. 이래서는 근본적 원인을 해결할 수 없다. 상대에 대한 폭력은 어떤 이유로든 합리화될 수 없다는 것에서 출발하면 강한 방어기제를 펼치고 싶은 무의식적인 욕망을 제어할 수 있다. 그래야 감정적 해결 방안의 유혹에서 벗어날 수 있다. 공격, 특히 폭력의 합리성을 인정해주지 않아야 한다.

아이가 공격성을 보일 때

첫째, 자신과 타인을 아프게 하는 공격성은 제재한다. 분노 조절을 못 한다는 말은 '감정의 출구를 잘 찾지 못했다'는 의미다. 대화의 기본 전제는 분노를 막는 것이 아니다. 분노의 출구를 함께 찾는 것이다. 자기 조절감은 명확한 기준을 잡아주는 데서 형성된다. 그럴 수밖에 없었다는 애매한 표현으로는 아무것도 이룰 수 없다. 분노 자체에 공감해줄 수는 있지만, 공감 표현은 공격과 폭력을 허락하는 의미가 절대 아니다. 아이의 공격적인 행동이 누군가를 아프게 한다면, 그 행동이 절대 옳지 않다는 것을 반드시 알려줘야 한다.

둘째, 분노의 방향성을 함께 찾아간다. 이때 하지 말아야 할 말은 "너 왜 그랬어?"라는 것이다. 보통 이렇게 물으면 아이는 화가 나서 그랬다고 말한다. 다음에 나올 말은 뻔해진다. "아무리 화가 나도 물건을 부수면 돼, 안 돼?" 이런 대화 방식에는 방향성이 없다. 근본 원인이 어디서 왔는지 알지 못하기 때문이다. 평상시 분노 조절을 못 한다고 판단되는 아이에게는 폭력 상황이 벌어지지 않는 일상에서의 대화가 중요하다. 그 대화의 포인트는 '바람'이다.

바람의 메시지는 질책이 아니다. 방향을 알려준다. 분노의 원인을 찾느라 시간을 허비하지 않아도 된다. 엄마도 같은 바람을 갖고 있다는 사실을 아이가 인지하면 일단 안정감을 얻는다.

엄마는 네가 화났을 때 사람을 때리지 않았으면 좋겠어.
엄마는 네가 화났을 때 일단 그 자리를 떠나 다른 장소로 갔으면 좋겠어.
엄마는 네가 화날 때 선생님한테 갔으면 좋겠어.
엄마는 네가 화날 때 상황을 이야기로 말해주면 좋겠어.

셋째, 아이가 장난으로 때려도 웃으면서 훈육하지 않는다. 아이에게 "안 돼, 그러는 거 아니야"라고 말하면서 웃으면 안 된다. 공격성을 보였던 이야기를 다른 사람에게 전달하면서 재미있는 일처럼 말하는 것도 금지다. 아이에게 옳지 않은 행동이라고 이야기하면서도 정작

재미있는 일처럼 대하면 아이에게 2중적인 메시지를 주는 셈이다. 아이는 헷갈려서 자신의 행동이 나쁘다는 것도 깨닫지 못한다. 그러면 공격성을 조절하기 어렵다.

넷째, 감정 쓰레기통을 만든다. 부정적인 감정은 감정 쓰레기통에 표현한다. 종이를 담을 만한 빈 통을 구해 집 안에서 가장 잘 보이는 곳에 둔다. 부정적인 생각이 들 때마다 내용을 종이에 적어서 감정 쓰레기통에 버린다. 종이와 필기구는 감정 쓰레기통 옆에 놓고 언제든지 쓸 수 있게 한다. 내용을 적을 때는 자신이 했던 말이나 행동을 돌아본다. 예를 들어 친구를 째려봤던 자신의 눈길을 반성하고, 친구와 티격태격했던 일의 원인을 생각해보는 것이다. 이런 것을 일주일치를 모아 감정 쓰레기통'을 비우는 시간을 가족이 함께 한다.

분노는 표현의 문제다

누구나 분노를 지니고 있지만, 그 분노를 어떻게 표출하느냐가 중요하다. 표출 방향은 부모의 말투로 자주 언급해준다. 습관은 반복된 행동의 결과로 후천적으로 형성된 것이기 때문에 부모의 말투가 중요하다. 아이의 말을 들어보면 부모가 그동안 아이에게 어떤 말을 했는지 보인다. 자녀 양육은 오직 아이를 위한 행위가 아니다. 어떤 의미에서는 부모도 자기 자신을 관리하고, 자신의 내면을 성찰하고 가다듬는 데 최고의 수련 방법이 된다. 이를 통해 부모 역시 조금 더 나은 사회인으로 나아갈 수 있다.

생각을 가다듬고 말하는 엄마의 말

솔직한 것과 제멋대로 말하는 것은 달라.

솔직한 말이 타인에게는 상처가 될 수 있어.

화가 나거나 불리할수록 잘 생각하며 말해야 해.

좀 더 생각해보고 말하는 게 좋겠어.

엄마가 네 이야기 더 들어보고 생각해볼게.

'감정 표현'과 '감정적인 표현'을 구분하는 엄마의 말

1. 감정에 휘말려 큰소리를 치지 않고 이성적으로 '팩트'만 말한다.
2. 진지한 표정으로 단호함을 보인다.
3. 거친 말, 모욕하는 말 등 감정에 휘말린 말을 하지 않는다.
4. 꾸중하는 이유를 분명히 밝혀 엄마가 화나서 혼내는 것이 아님을 이야기한다.
5. 부족한 부분을 고칠 수 있는 구체적인 방법을 알려준다.